计算机信息技术与大数据应用探索

龙 慧 张福华 国静萍◎著

中国商务出版社

·北京·

图书在版编目（CIP）数据

计算机信息技术与大数据应用探索 / 龙慧，张福华，国静萍著. -- 北京 : 中国商务出版社，2023.10
ISBN 978-7-5103-4862-4

Ⅰ. ①计… Ⅱ. ①龙… ②张… ③国… Ⅲ. ①电子计算机②数据处理 Ⅳ. ①TP3②TP274

中国国家版本馆 CIP 数据核字(2023)第 197548 号

计算机信息技术与大数据应用探索

JISUANJI XINXI JISHU YU DASHUJU YINGYONG TANSUO

龙慧　张福华　国静萍　著

出　　版：中国商务出版社
地　　址：北京市东城区安外东后巷28号　　邮　编：100710
责任部门：外语事业部（010-64283818）
责任编辑：李自满
直销客服：010-64283818
总 发 行：中国商务出版社发行部　（010-64208388　64515150）
网购零售：中国商务出版社淘宝店　（010-64286917）
网　　址：http://www.cctpress.com
网　　店：https://shop595663922.taobao.com
邮　　箱：347675974@qq.com
印　　刷：北京四海锦诚印刷技术有限公司
开　　本：787毫米×1092毫米　1/16
印　　张：11.25　　字　数：232千字
版　　次：2024年4月第1版　　印　次：2024年4月第1次印刷
书　　号：ISBN 978-7-5103-4862-4
定　　价：65.00元

前　言

目前，随着经济建设和社会发展的不断进步，计算机普及率在快速增长，计算机信息技术的发展也日新月异。科学技术是第一生产力，计算机信息技术则是现代先进科学技术体系中的要素之一，它在农业、工业、商业、国防、科学研究、文化教育、医疗卫生等众多领域得到较为广泛的应用，并在这些领域产生了积极且深远的影响。小至家庭生活，大到社会服务，都有计算机信息技术应用的例子。可以说，信息技术已经渗透到我们日常生活的方方面面，与我们息息相关。

信息技术与经济社会的交汇融合引发了数据迅猛增长，数据已成为国家基础性战略资源，大数据正日益对全球生产、流通、分配、消费活动以及经济运行机制、社会生活方式和国家治理能力产生重要影响。数据量的飞速增长也带来了大数据技术和服务市场的繁荣发展。大数据解决方案不断成熟，各领域大数据应用全面展开，为大数据发展带来了强劲动力。我国大数据仍处于起步发展阶段，各地发展大数据积极性较高，行业应用得到快速推广，市场规模增速明显。

大数据（Big Data），或称巨量资料，是以容量大、类型多、存取速度快、价值密度低为主要特征的数据集合。大数据正快速发展为对数量巨大、来源分散、格式多样的数据进行采集、存储和关联分析，从中发现新知识、创造新价值、提升新能力的新一代信息技术和服务业态。

本书是计算机技术与大数据研究方面的著作，主要研究计算机信息技术与大数据的应用。本书从计算机信息技术以及大数据的基础知识入手，针对计算机信息安全与网络技术、计算机信息检索技术进行了分析研究；另外对大数据存储、处理和挖掘、大数据的应用进行了综合探讨；本书全面深入地探析了计算机技术的基本知识和技能，详细介绍了数据的处理技术及数据挖掘等内容。本书的意义在于加强计算机信息技术基础知识的普及，促使人们学会利用计算机技术分析、解决各种问题，培养其处理数据、获取信息的意识和能力。

在撰写过程中，为提升本书的学术性与严谨性，作者参阅了大量的文献资料，引用了一些同人前辈的研究成果，因篇幅有限，不能一一列举，在此表示最诚挚的感谢。由于作者水平、时间和精力有限，在撰写的过程中难免会存在一定不足，对一些相关问题的研究不够透彻，恳切地希望各位读者提出宝贵意见和建议。

龙　慧

2023 年 9 月 4 号

目录

第一章 计算机信息技术概述

第一节 计算机概念与组成

一、计算机的基本概念

20世纪40年代，美国宾夕法尼亚大学研制出世界上第一台真正的电子数字计算机（electronic numerical integrator and calculator，ENIAC）。电子数字计算机是20世纪最重大的发明之一，是人类科技发展史上的一个里程碑。经过几十年的发展，计算机技术有了飞速的进步，应用日益广泛，已应用到社会的各个领域和行业，成为人们工作和生活中所使用的重要工具，极大地影响着人们的工作和生活。同时，计算机技术的发展水平已成为衡量一个国家信息化水平的重要标志。

（一）计算机的定义

计算机在诞生初期主要是用来进行科学计算的，所以被称为“计算机”，是一种自动化计算工具。但目前计算机的应用已远远超出了“计算”，它可以处理数字、文本、图形图像、声音、视频等各种形式的数据。“计算机”这个术语是20世纪40年代世界上第一台电子计算装置诞生之后才开始使用的。

实际上，计算机是一种能够按照事先存储的程序，自动、高速地对数据进行处理和存储的系统。一个完整的计算机系统包括硬件和软件两大部分：硬件是由各种机械、电子等器件组成的物理实体，包括运算器、存储器、控制器、输入设备和输出设备五个基本组成部分；软件由程序及有关文档组成，包括系统软件和应用软件。

（二）计算机的分类

计算机分类的依据有很多，不同的分类依据有不同的分类结果。常见的分类方法有以下五种。第一，按规模分类。可以把计算机分为巨型机、小巨型机、大中型机、小型机、工作站和微型机（PC机）等。第二，按用途分类。可以把计算机分为工业自动控制机和数据处理机等。第三，按结构分类。可以把计算机分为单片机、单板机、多芯片机和多板机。第四，按处理信息的形式分类。可以把计算机分为数字计算机和模拟计算机，目前的计算机都是数字计算机。第五，按字长分类。可以把计算机分为 8 位机、16 位机、32 位机和 64 位机等。

（三）计算机的特点

1. 计算速度快

计算机的处理速度用每秒可以执行多少百万条指令（million of instructions per second，MIPS）来衡量，巨型机的运算速度可以达到上千个 MIPS，这也是计算机广泛使用的主要原因之一。

2. 存储能力强

目前一个普通的家用计算机存储能力可以达到上百 GB，更有多种移动存储设备可以使用，为人类的工作、学习提供了巨大的方便。

3. 计算精度高

对于特殊应用的复杂科学计算，计算机均能够达到要求的计算精确度，如卫星发射、天气预报等海量数据的计算。

4. 可靠性高、通用性强

由于采用了大规模和超大规模集成电路，计算机具有非常高的可靠性，大型机可以连续运行几年。同一台计算机可以同时进行科学计算、事务管理、数据处理、实时控制、辅助制造等功能，通用性非常强。

5. 可靠的逻辑判断能力

采用“程序存储”原理，计算机可以根据之前的运行结果，逻辑地判断下一步如何执行，因此，计算机可以广泛地应用在非数值处理领域，如信息检索、图像识别等。

（四）计算机的应用

计算机的应用已经渗透到了人类社会的各个领域，成为未来信息社会的强大支柱。目前计算机的应用主要在以下几个方面。

1. 科学计算

科学计算包括最早的数学计算（数值分析等）和在科学技术与工程设计中的计算问题，如核反应方程式、卫星轨道、材料结构、大型设备的设计等。这类计算机要求速度快、精度高、存储量大。

2. 数据处理

目前，数据处理已经成为最主要的计算机应用，包括办公自动化（office automation，OA）、各种管理信息系统（management information system，MIS）、专家系统（expert system，ES）等，在以后相当长的时间里，数据和事务处理仍是计算机最主要的应用领域。

3. 过程控制

日常生活中的各个领域都存在着过程控制，特别是工业和医疗行业。一般用于控制的计算机需要通过模拟/数字转换设备获取外部数据信息，经过识别处理后，再通过数字/模拟转换进行实时控制。计算机的过程控制可以大大提高生产的自动化水平、劳动生产率和产品质量。

4. 计算机辅助系统

目前广泛应用的计算机辅助系统包括：计算机辅助设计（computer aided design，CAD）、计算机辅助制造（computer aided manufacturing，CAM）、计算机辅助测试（computer aided testing，CAT）、计算机集成制造（computer integrated manufacturing system，CIMS）、计算机辅助教学（computer aided instruction，CAI）等。

5. 计算机通信

计算机通信技术主要体现在网络发展中。特别是多媒体技术的日渐成熟，给计算机网络通信注入了新的内容。随着综合业务数字网（ISDN）的广泛应用，计算机通信将进入更高速的发展阶段。

（五）微型计算机

微型计算机又称为个人计算机（personal computer，PC），它的核心部件是微处理器。PC 机是大规模、超大规模集成电路的产物。自问世以来，因其小巧、轻便、价格便宜、使用方便等优点得到迅速发展，并成为计算机市场的主流。目前 PC 机已经应用于社会的各个领域，几乎无所不在。微型机主要分为台式机（desktop computer）、笔记本电脑（notebook）和个人数字助理（personal distal assistant，PDA）三种。

（六）计算机的主要性能指标

1. 主频即时钟频率

主频即时钟频率，指计算机的 CPU 在单位时间内发出的脉冲数。它在很大程度上决定了计算机的运行速度。主频的单位是赫兹（Hz）。

2. 字长

字长是指计算机的运算部件能同时处理的二进制数据的位数。它决定了计算机的运算精确度。

3. 存储容量

存储容量是指计算机内存的存储能力，单位为字节。目前的微型机内存可以达到1G以上。

4. 存取周期

存储器进行一次完整读写操作所用的时间称为存取周期。“读”指将外部数据信息存入内存储器，“写”指将数据信息从内部存储器保存到外存储器。

除了上面提到的四项主要指标外，还应考虑机器的兼容性、系统的可靠性与可维护性等其他性能指标。

二、 计算机系统的组成

计算机系统是由计算机硬件和计算机软件组成的。计算机硬件（Hardware）是指构成计算机的所有实体部件的集合，通常这些部件由电路（电子元件）、机械元件等物理部件组成。它们都是看得见、摸得着的物体。软件（software）主要是一系列按照特定顺序组织的计算机数据和指令的集合，较为全面的定义为：软件是计算机程序、方法和规范及其相应的文档以及在计算机上运行时所必需的数据。软件是相对于机器硬件而言的。

（一）计算机的硬件系统

计算机的基本原理是：①采用二进制形式表示数据和指令。指令由操作码和地址码组成。②将程序和数据存放在存储器中，使计算机在工作时从存储器取出指令加以执行，自动完成计算任务。这就是“存储程序”和“程序控制”（简称存储程序控制）的概念。③指令的执行是顺序的，即一般按照指令在存储器中存放的顺序执行，程序分支由转移指令实现。④计算机由存储器、运算器、控制器、输入设备和输出设备五大基本部件组成，并规定了五部分的基本功能。

原始的计算机原理在结构上是以运算器为中心的，但演变到现在，电子数字计算机已经转向以存储器为中心。在计算机的五大部件中，运算器和控制器是信息处理的中心部件，所以它们合称为“中央处理单元”（central processing unit，CPU）。存储器、运算器和控制器在信息处理中起着主要作用，是计算机硬件的主体部分，通常被称为“主机”。而输入（input）设备和输出（output）设备统称为“外部设备”，简称为外设或I/O设备。

1. 存储器

存储器（memory）是用来存放数据和程序的部件。对存储器的基本操作是按照要求向指定位置存入（写入）或取出（读出）信息。存储器是一个很大的信息储存库，被划分成许多存储单元，每个单元通常可存放一个数据或一条指令。为了区分和识别各个单元，并按指定位置进行存取，给每个存储单元编排了一个唯一对应的编号，称为“存储单元地址”（address）。存储器所具有的存储空间大小（即所包含的存储单元总数）称为存储容量。通常存储器可分为两大类：主存储器和辅助存储器。

（1）主存储器

主存储器能直接和运算器、控制器交换信息，它的存取时间短且容量不够大；由于主存储器通常与运算器、控制器形成一体组成主机，所以也称为内存储器。主存储器主要由存储体、存储器地址寄存器（memory address register，MAR）、存储器数据寄存器（memory data register，MDR）以及读写控制线路构成。

（2）辅助存储器

辅助存储器不直接和运算器、控制器交换信息，而是作为主存储器的补充和后援，它的存取时间长且容量极大。辅助存储器常以外设的形式独立于主机存在，所以辅助存储器也称为外存储器。

2. 运算器

运算器是对信息进行运算处理的部件。它的主要功能是对二进制编码进行算术（加减乘除）和逻辑（与、或、非）运算。运算器的核心是算术逻辑运算单元（arithmetic logic unit，ALU）。运算器的性能是影响整个计算机性能的重要因素，精度和速度是运算器重要的性能指标。

3. 控制器

控制器是整个计算机的控制核心。它的主要功能是读取指令、翻译指令代码并向计算机各部分发出控制信号，以便执行指令。当一条指令执行完以后，控制器会自动地去取下一条将要执行的指令，依次重复上述过程直到整个程序执行完毕。

4. 输入设备

人们编写的程序和原始数据是经输入设备传输到计算机中的。输入设备能将程序和数据转换成计算机内部能够识别和接收的信息方式，并顺序地把它们送入存储器中。输入设备有许多种，例如键盘、鼠标、扫描仪和光电输入机等。

5. **输出设备**

输出设备将计算机处理的结果以人们能接受的或其他机器能接受的形式送出。输出设备同样有许多种，例如显示器、打印机和绘图仪等。

（二）计算机的软件系统

计算机软件（software）是指能使计算机工作的程序和程序运行时所需要的数据以及与这些程序和数据有关的文字说明和图表资料，其中文字说明和图表资料又称为文档。软件也是计算机系统的重要组成部分。相对于计算机硬件而言，软件是计算机的无形部分，但它的作用很大。如果只有好的硬件，没有好的软件，计算机不可能显示出它的优越性能。

计算机软件可以分为系统软件和应用软件两大类。系统软件是指管理、监控和维护计算机资源（包括硬件和软件）的软件。系统软件为计算机使用提供最基本的功能，但并不针对某一特定应用领域。而应用软件则恰好相反，不同的应用软件根据用户和所服务的领域提供不同的功能。

1. **系统软件**

目前常见的系统软件有操作系统、各种语言处理程序、数据库管理系统以及各种服务性程序等。

（1）操作系统

操作系统是最底层的系统软件，它是对硬件系统功能的首次扩充，也是其他系统软件和应用软件能够在计算机上运行的基础。操作系统实际上是一组程序，它们用于统一管理计算机中的各种软、硬件资源，合理地组织计算机的工作流程，协调计算机系统各部分之间、系统与用户之间、用户与用户之间的关系。由此可见，操作系统在计算机系统中占有非常重要的地位。通常，操作系统具有五个方面的功能，即存储管理、处理器管理、设备管理、文件管理和作业管理。

（2）语言处理程序

人们要利用计算机解决实际问题，先要编制程序。程序设计语言就是用来编写程序的语言，它是人与计算机之间交换信息的渠道。程序设计语言是软件系统的重要组成部分，而相应的各种语言处理程序属于系统软件。程序设计语言一般分为机器语言、汇编语言和高级语言三类：①机器语言。机器语言是最底层的计算机语言。用机器语言编写的程序，计算机硬件可以直接识别。②汇编语言。汇编语言是为了便于理解与记忆，将机器语言用助记符号代替而形成的一种语言。③高级语言。高级语言与具体的计算机硬件无关，其表达方式接近于被描述的问题，易为人们所接受和掌握。用高级语言编写程序要比低级语言容易得多，并大大简化了程序的编制和调试，使编程效率得到大幅度的提高。高级语言的显著特点是独立于具体的计算机硬件，通用性和可移植性好。

（3）数据库管理系统

随着计算机在信息处理、情报检索及各种管理系统中应用的发展，要求大量处理某些数据，建立和检索大量的表格。如果将这些数据和表格按一定的规律组织起来，可以使得这些数据和表格处理起来更方便，检索更迅速，用户使用更方便，于是出现了数据库。数据库就是相关数据的集合。数据库和管理数据库的软件构成数据库管理系统。数据库管理系统目前有许多类型。

（4）服务程序

常见的服务程序有编辑程序、诊断程序和排错程序等。

2. 应用软件

应用软件是指除了系统软件以外的所有软件，它是用户利用计算机及其提供的系统软件为解决各种实际问题而编制的计算机程序。计算机已渗透到了各个领域，因此，应用软件是多种多样的。常见的应用软件有：①用于科学计算的程序包。②字处理软件。③计算机辅助设计、辅助制造和辅助教学软件。④图形软件等。

（三）硬件与软件的逻辑等价性

现代计算机不能简单地被认为是一种电子设备，而是一个十分复杂的由软、硬件结合而成的整体。而且，在计算机系统中并没有一条明确的关于软件与硬件的分界线，没有一条硬性准则来明确指定什么必须由硬件完成、什么必须由软件来完成。因为，任何一个由软件所完成的操作也可以直接由硬件来实现，任何一条由硬件所执行的指令也能用软件来完成。这就是所谓的软件与硬件的逻辑等价。例如，在早期计算机和低档微型机中，由硬件实现的指令较少，像乘法操作，就由一个子程序（软件）去实现。但是，如果用硬件线路直接完成，速度就会很快。另外，由硬件线路直接完成的操作，也可以由控制器中微指令编制的微程序来实现，从而把某种功能从硬件转移到微程序上。另外，还可以把许多复杂的、常用的程序硬件化，制作成所谓的“固件”（firmware）。固件是一种介于传统的软件和硬件之间的实体，功能上类似于软件，但形态上又是硬件。对于程序员来说，通常并不关心究竟一条指令是如何实现的。

微程序是计算机硬件和软件相结合的重要形式。第三代以后的计算机大多采用了微程序控制方式，以保证计算机系统具有最大的兼容性和灵活性。从形式上看，用微指令编写的微程序与用机器指令编写的系统程序差不多。微程序深入机器的硬件内部，以实现机器指令操作为目的，控制着信息在计算机各部件之间流动。微程序也基于存储程序的原理，把微程序存放在控制存储器中，所以也是借助软件方法实现计算机工作自动化的一种形式。这充分说明软件和硬件是相辅相成的。第一，硬件是软件的物质支柱，正是在硬件高度发展的基础上才有了软件的生存空间和活动场所。没有大容量的主存和辅存，大型软件将发挥不了作用，而没有软件的“裸机”也毫无用处，等于没有灵魂的人的躯壳。第二，软件和硬件相互融合、相互渗透、相互促进的趋势正越来越明显。硬件软化（微程序即是一例）可以增强系统功能和适应性。软件硬化能有效发挥硬件成本日益降低的优势。随着大规模集成电路技术的发展和软件硬化的趋势，软硬件之间明确的划分已经显得比较困难了。

第二节　计算机技术

一、计算机硬件技术

（一）计算机硬件技术分类

1. 诊断技术

诊断技术是对计算机运行过程中出现的问题故障进行诊断，利用诊断系统检测故障出现的原因。在这一流程中，为了保证计算机能够自动运行诊断技术，一般采用诊断系统与数据生成系统结合的方式。数据生成系统能够将输入计算机的数据变成系统的网络，然后对计算机的硬件进行检测。诊断系统根据数据生成系统的报告对计算机的问题故障进行解决并且生成报告。在诊断技术的进行中，一般会有一台独立的计算机为诊断机使用，从而可以采取微诊断、远程诊断等多种多样的诊断形式。

2. 存储技术

随着计算机的普及，计算机也在不断地更替，以多种形式出现。在不断发展过程中计算机的存储技术也在不断地提升。存储技术有 NAS、SAN、DAS 等多种模式。不同的模式有不同的用处及优缺点。例如，NAS 模式具有优良的延展性，所占服务器的资源较少，但是传输速度慢，直接影响了计算机的网络高性能；SAN 模式在速度和延展性上都有优势，但是 SAN 技术复杂，成本较高；DAS 模式操作简单、成本低、性价比高，不足之处在于安全性较差、延展性差。

3. 加速技术

计算机给人们带来的是效率，人们追求的也是高速的数据处理系统，因此在数据的处理速度上需要不断地改进，做到更快。近年来，加速技术逐渐成为计算机领域研究的重点内容。在加速技术不断发展的过程中，利用硬件的功能特色来替代软件算法的技术也在不断地生成中，也成为技术人员的研发重点内容；在信息的处理中，硬件技术充分地发挥了调用程序及数据分析处理的功能，有效提高了计算机的工作效率。要提高计算机的加速技术，可以在计算机里面增添一些对应的软件，将软件功能聚集起来，以此协助 CPU 同步运算，加快计算机的运行速度，从而提高计算机数据处理速度及运行能力。

4. 开发技术

当前，就计算机的发展来说，开发技术主要针对嵌入式硬件技术平台。嵌入式硬件技术平台包括了嵌入式的控制器、处理器以及芯片。控制器可以在单片计算机的芯片中形成一个集合，以实现多种多样的功能，减少成本，减少计算机的整体大小，为后续微型计算机的发展奠定基础。在计算机硬件技术的发展中，同时也注重了数字信号处理器的研发，这样能够有效地提升计算机整体的速度，提升计算机的性能。

5. 维护技术

维护技术是保证计算机硬件正常运行的存在。有时候，计算机在运行的过程中，难免会遇到一些问题，而在维护技术的运行过程中则会对容易出现问题的部件进行保养与维护。同时，使用者也要学会一些计算机的维护方法，对于计算机时常出现的小问题能够及时处理，比如清洁、除锈工作。清洁、除锈工作是必要的，以保证计算机在优良的状态下高效工作。

6. 计算机硬件的制造技术

我国计算机硬件的制造技术正不断发展，可以制造光驱、声卡、显卡、内存、主板等一系列的硬件。但是，我国目前在 CPU 方面的技术并不是很理想，仍须不断努力。我国计算机硬件的核心制造技术主要包括微电子技术和光电子技术。只有拥有良好的硬件制造技术，计算机行业才可以开发软件和进行正常工作。计算机硬件的制造技术是未来社会发展的必然趋势。

（二）计算机硬件技术的发展

1. 计算机硬件技术的发展现状

随着计算机的普及与发展，计算机的操作也在不断简化，计算机逐渐地朝着微型、巨型、智能化、网络化的方向发展。根据人们工作的需要，计算机的各种细节都在不断地被细化，要求的效率也更高了。计算机的使用能够更快地完成数据的调查、统计与搜集工作。计算机硬件的发展需要在不断研发中得到进一步的完善与强化，由此不仅可以保证问题解决的速度，还能够同时解决更多的问题，从而能够在解决问题的基础上达到保证质量。在硬件技术的发展中，微型处理器可以说是其中的代表性部件。其一，微型处理器在计算机硬件技术中是十分重要的一部分，计算机每一个功能的使用都需要以此作为基础。其二，微型处理器的存在能够在整体上提高计算机的性能，由此可以知道，计算机硬件技术的发展状况十分理想，在各个方面都取得了一定的成就。

2. 计算机硬件技术的发展前景

根据计算机硬件技术的发展现状，计算机硬件技术会朝着超小型、超高速、智能化等方向发展。就智能化来说，计算机会具有更多的感知功能，并且会具有更加人性化的判断和思考能力以及语言能力。第一，除了计算机当前已有的输入设备之外，还会有直接人机接触的设备出现。这种直接人机接触设备让人在使用中有一种身临其境的感觉，也是虚拟不断转化为现实技术发展的集中体现。第二，硬件技术中的芯片也会不断发展，比如硅技术、硅芯片在我国计算机领域也在不断地发展壮大中，这也是世界各国研究人员研究新型计算机的基础所在。根据计算机硬件技术的发展速度，在未来会出现并普及更多的新型分子计算机、纳米计算机、量子计算机、光子计算机等。

3. 计算机硬件技术的发展趋势

（1）变得更加小巧

对于计算机硬件技术的发展，就体积上来说，一直不断地在追求精巧。体积小巧可以更加方便日常携带。如果发展得更为迅速的话，硬件甚至可以放置在口袋内、衣服上甚至是皮肤里面。这样的变革是由生产的速度、芯片的低价格、体积变小共同完成的。第一，纳米技术在电子产品领域的使用，使得数码产品、电器产品在功能上变得更加齐全，也更为智能化。第二，现在平板电脑、掌上电脑的数据处理等运用性能也在不断地改进和完善，在未来将会给人们生活工作带来极大的便利。

（2）变得更加个性化

计算机在未来的发展中，在芯片和交互软件上都会有很大的革新。在未来的某一天，人与计算机通过语音交流也会成为一种时尚。第一，现在我们需要通过语音识别让计算机认知我们在说什么。而在未来，只要计算机认知了我们的“唇语”，便能知道我们在说什么。甚至，使用者的一个动作就能够让计算机了解使用者在说什么、想要做什么，明白各种形式的指令。据调查显示，这样拥有电子大脑的计算机将会在未来的十年内开始得到发展。第二，个性化的计算机应该还有更为顺应潮流的功能，比如，指纹认证、声控认证等，这样能够保证使用者的隐私权。

（3）变得更加聪明

随着计算机系统的不断优化，数据处理系统的进步，使得计算机也逐渐地变得更为聪明。有效的软件控制和整体性能的硬件技术的提高，将会衍生出能够主动学习的个人计算机。就像制作机器人一样，在计算机领域也能够制作出智能人。虽然在这个发展过程中，有着许多的技术障碍，但是这一研究却是有很大的概率实现的。在未来的发展中，顺应时代发展潮流，能够为个人的生活、工作带来极大的便利。同时可以根据主人的习惯，在后期逐渐地了解使用者的需要，掌握他的心意，从而能够更为主动地去寻找信息，并主动地获得信息，提供信息。

（4）计算机发展的措施和目标

在巨大的社会变革和科技飞跃的影响下，计算机重要的组成部位与核心构件——处理器内存等硬件设备，从巨大到小巧，从笨拙到灵便，但是唯一不变的是其性能越来越强。巨型、微型化、网络化和智能化是计算机硬件未来的发展方向。GPU 技术出现仅仅几年，就迅速成为研究热点，足以看出此项技术具有广阔的发展前景，但面向 GPU 的软件开发依然是制约其应用的主要瓶颈。受功耗、传统集成电路技术等制约，单 CPU 性能提高有很大的局限性。开发新材料、完善计算机封装结构成为提高计算性能的新途径，高性能软硬件一体化发展是高性能计算大力推广的关键。目前硬件发展优于软件，所以必须大力发展软件产业，充分发挥硬件的性能优势。

计算机硬件技术在未来的发展历程中，将会有更大的进步与创新，也会推动我国乃至全球经济的迅速发展，为人类的发展历程献上新的突破。硬件技术的作用众所周知，要想实现技术更好应用，就必须注重硬件技术的发展与开发，才能够有效地提高计算机的综合性能。

二、计算机软件技术

计算机软件的发展受到应用和硬件的推动与制约；反之，软件的发展也推动了应用和硬件的发展。

（一）计算机软件技术的发展

软件技术发展历程大致可分为三个不同时期：①软件技术发展早期（20 世纪 50—60 年代）。②结构化程序和对象技术发展时期（20 世纪 70—80 年代）。③软件工程技术发展时期（从 20 世纪 90 年代到现在）。

1. 软件技术发展早期

在计算机发展早期，应用领域较窄，主要是科学与工程计算，处理对象是数值数据。这个时期计算机软件的巨大成就之一，就是在当时的水平上成功地解决了两个问题：一方面开始设计出了具有高级数据结构和控制结构的高级程序语言；另一方面又发明了将高级语言程序翻译成机器语言程序的自动转换技术，即编译技术。然而，随着计算机应用领域的逐步扩大，除了科学计算继续发展以外，出现了大量的数据处理和非数值计算问题。为了充分利用系统资源，出现了操作系统；为了适应大量数据处理问题的需要，出现了数据库及其管理系统。软件规模与复杂性迅速增大。当程序复杂性增加到一定程度以后，软件研制周期难以控制，正确性难以保证，可靠性问题相当突出。为此，人们提出用结构化程序设计和软件工程方法来克服这一危机。软件技术发展随之进入一个新的阶段。

2. 结构化程序和对象技术发展时期

从 20 世纪 70 年代初开始，大型软件系统的出现给软件开发带来了新的问题。大型软件系统的研制需要花费大量的资金和人力，可是研制出来的产品却是可靠性差、错误多、维护和修改也很困难。一个大型操作系统有时需要几千人一年的工作量，而所获得的系统又常常会隐藏着几百甚至几千个错误。程序可靠性很难保证，程序设计工具的严重缺乏也使软件开发陷入困境。

结构程序设计的讨论催生了一系列的结构化语言。这些语言具有较为清晰的控制结构，与原来常见的高级程序语言相比有一定的改进，但在数据类型抽象方面仍显不足。面向对象技术的兴起是这一时期软件技术发展的主要标志。面向对象的程序结构将数据及其上作用的操作一起封装，组成抽象数据或者叫作对象。具有相同结构属性和操作的一组对象构成对象类。对象系统就是由一组相关的对象类组成，能够以更加自然的方式模拟外部世界现实系统的结构和行为。对象的两大基本特征是信息封装和继承。通过信息封装，在对象数据的外围好像构筑了一堵“围墙”，外部只能通过围墙的“窗口”去观察和操作围墙内的数据，这就保证了在复杂的环境条件下对象数据操作的安全性和一致性。通过对象继承可实现对象类代码的可重用性和可扩充性。可重用性能处理父、子类之间具有相似结构的对象共同部分，避免代码一遍又一遍地重复。可扩充性能处理对象类在不同情况下的多样性，在原有代码的基础上进行扩充和具体化，以求适应不同的需要。传统的面向过程的软件系统以过程为中心。过程是一种系统功能的实现，而面向对象的软件系统是以数据为中心。与系统功能相比，数据结构是软件系统中相对稳定的部分。对象类及其属性和服务的定义在时间上保持相对稳定，还能提供一定的扩充能力，这样就可大为节省软件生命周期内系统开发和维护的开销。就像建筑物的地基对于建筑物的寿命十分重要一样，信息系统以数据对象为基础构筑，其系统稳定性就会十分牢固。到20世纪80年代中期以后，软件的蓬勃发展更来源于当时两大技术进步的推动力：一是微机工作站的普及应用，二是高速网络的出现。其导致的直接结果是：一个大规模的应用软件，可以由分布在网络上不同站点机的软件协同工作去完成。由于软件本身的特殊性和多样性，在大规模软件开发时，人们几乎总是面临困难。软件工程在面临许多新问题和新挑战后进入了一个新的发展时期。

3. 软件工程技术发展时期

自从软件工程名词诞生以来，历经30余年的研究和开发，人们深刻认识到，软件开发必须按照工程化的原理和方法来组织和实施。软件工程技术在软件开发方法和软件开发工具方面，在软件工程发展的早期，特别是20世纪70—80年代时的软件蓬勃发展时期，已经取得了非常重要的进步。软件工程作为一个学科方向，越来越受到人们的重视。但是，大规模网络应用软件的出现所带来的新问题，使得软件人员在如何协调合理预算、控制开发进度和保证软件质量等方面面临更加困难的境地。进入90年代，Internet和WWW技术的蓬勃发展使软件工程进入一个新的技术发展时期。以软件组件复用为代表，基于组件的软件工程技术正在使软件开发方式发生巨大改变。早年软件危机中提出的严重问题，有望从此开始找到切实可行的解决途径。在这个时期，软件工程技术发展代表性标志有三个方面。

（1）基于组件的软件工程和开发方法成为主流

组件是自包含的，具有相对独立的功能特性和具体实现，并为应用提供预定义好的服务接口。组件化软件工程是通过使用可复用组件来开发、运行和维护软件系统的方法、技术和过程。

（2）软件过程管理进入软件工程的核心进程和操作规范

软件工程管理应以软件过程管理为中心去实施，贯穿于软件开发过程的始终。在软件过程管理得到保证的前提下，软件开发进度和产品质量也就随之得到保证。

（3）网络应用软件规模越来越大，使应用的基础架构和业务逻辑相分离

网络应用软件规模越来越大，复杂性越来越高，使得软件体系结构从两层向三层或者多层结构转移，使应用的基础架构和业务逻辑相分离。应用的基础架构由提供各种中间件系统服务组合而成的软件平台来支持，软件平台化成为软件工程技术发展的新趋势。软件平台为各种应用软件提供一体化的开放平台，既可保证应用软件所要求的基础系统架构的可靠性、可伸缩性和安全性的要求，又可使应用软件开发人员和用户只要集中关注应用软件的具体业务逻辑实现，而不必关注其底层的技术细节。当应用需求发生变化时，只要变更软件平台之上的业务逻辑和相应的组件实施就行了。

以上这些标志象征着软件工程技术已经发展上升到一个新阶段，但这个阶段尚未结束。软件技术发展日新月异，Internet 的进步促使计算机技术和通信技术相结合，更使软件技术的发展呈五彩缤纷的局面。软件工程技术的发展也永无止境。

软件技术是从早期简单的编程技术发展起来的，现在包括的内容很多，主要有需求描述和形式化规范技术、分析技术、设计技术、实现技术、文字处理技术、数据处理技术、验证测试及确认技术、安全保密技术、原型开发技术和文档编写及规范技术、软件重用技术、性能评估技术、设计自动化技术、人机交互技术、维护技术、管理技术和计算机辅助开发技术等。

（二）当前计算机软件技术的应用

众所周知，计算机最为重要的组成部分之一就是软件，软件也是计算机系统的核心部件。当前，随着科学技术的发展，计算机软件技术也已有了很大的发展。计算机软件技术的应用也已经涉及各个领域，其具体的应用领域主要体现在以下几方面。

1. 网络通信

信息时代的今天，人们都非常重视信息资源的共享和交换。同时，我国光网城市的建设，使得我国的网络普及的覆盖面积越来越宽，用户通过计算机软件进行网络通信的频率也是越来越多。在网络通信中，利用计算机软件可以实现不同区域、不同国家之间的异地交流沟通和资源共享，将世界连接成为一个整体。比如，利用计算机软件技术可以进行网络会议，也可以视频聊天，给人们的工作和生活都带来了无限的可能。

2. 工程项目

不难发现，与过去相比，一个工程项目无论是工作质量还是完成速率来看，都有着突飞猛进的发展。这是因为在工程项目中应用了计算机软件技术，其为工程项目带来了非常大的帮助。比如，将工程制图计算机软件应用于工程项目中可以大大提高工程的设备准确率和效率。将工程管理计算机软件应用于工程项目中为工程的管理提供了便捷。此外，将工程造价计算机软件应用于工程管理中不仅可以保障对工程造价评估的准确性，还能为工程节约大量成本。总而言之，在工程项目中计算机软件技术对工程无论是质量、效率还是成本都有着非常重要的作用。

3. 学校教学

与传统的教学方式相比，现代的教育中应用计算机软件技术有着质的飞跃。传统教育中往往是老师在黑板上用粉笔书写上课内容，对于教师而言，既耗时又耗力，对学生而言也会觉得非常无趣。而当前，我们在教学中应用计算机软件技术不仅可以有效提高教学效率，还能更好地激发学生学习的兴趣。比如，老师利用PPT等Office软件代替传统黑板书写，省时省力，学生也更感兴趣。还可以利用计算机软件让学生进行考试答卷，既保证了考试阅卷的准确性，也节约了大量的阅卷时间。

4. 医院医疗

信息时代的今天，医疗方面也有了很大的改革。与现代医疗相比，传统医疗既昂贵又耽误时间。而当前，许多医院计算机软件技术的应用，为医院和病人提供了便利。比如，通过计算机软件可以实现病人预约挂号，为病人节约大量宝贵的时间。利用计算机软件技术实现病人在计算机终端取检查报告，既保障了病人医疗报告的隐私，也节约了病人排队取报告的时间。总之，医院医疗中计算机软件技术的应用，无论对医院还是病人都有着重要的实际意义。

计算机软件技术对我们的工作、生活、学习都有着重大的作用。计算机软件技术在网络通信、工程项目、学习教学以及医院医疗等各方面的应用都彰显出计算机软件技术在我国各个发展领域的重要性。未来，计算机软件技术必然还会有着更加深远的发展。

第三节 计算机信息技术应用

一、 信息技术的原理与功能

（一）信息技术的原理

任何事物的发展都是有规律的，科学技术也是如此。按照辩证唯物主义的观点，人类的一切活动都可以归结为认识世界和改造世界。从科学技术的发展历史来看，人类之所以需要科学技术，也正是因为科学技术可以为人类提供力量、智慧，能够帮助人类不断地认识和改造世界。信息技术的产生与发展也正是遵循着“为人类服务”这一规律的。信息技术在发展过程中遵循的原理如下。

1. 信息技术发展的根本目的为辅人

信息技术的重大作用是作为工具来解决问题、激发创造力以及使人们工作更有效率。在人类的最初发展阶段，人们的生活仅仅依靠自身的体力与自然抗争，采食果腹，抵御野兽。人类在赤手空拳地同自然做斗争的漫长过程中，逐渐认识到自身功能的不足。于是，人类就开始尝试着借用或制造各种各样的工具来加强、弥补或延长自身器官的功能。这就是技术的最初起源。在很长一段时期内，由于生产力水平和生产社会化程度都很低，人们交往的时空比较狭窄，仅凭天赋的信息器官的能力就能满足当时认识世界和改造世界的需要。因此，尽管人们一直在同信息打交道，但尚无延长信息器官功能的迫切要求。只是到了近代，随着生产和实践活动的不断发展，人类需要面对和处理的信息越来越多，已明显超出人类信息器官的承载能力，人类才开始注意研制能够扩展和延长自身信息器官功能的技术，于是发展信息技术就成了这一时期的中心任务。以20世纪40年代为起点，经过20世纪50—60年代的酝酿和积累，终于迎来了信息技术的突飞猛进。人类在信息的获取、传输、存储、显示、识别和处理以及利用信息进行决策、控制、组织和协调等方面都取得了骄人的突破，并使得整个社会出现了“信息化”的潮流。至此，人类同信息打交道的方式和水平才发生了根本性的变革。

2. 信息技术发展的途径为拟人

信息技术的有效应用符合高科技—高利用的原理，越是认为信息技术是“高科技”，考虑它的“高利用”就越重要。因此，应该始终使信息技术适应人，而不是叫人去适应信息技术的进步。随着人类发展的步伐逐渐加快，作为人类争取从自然中解放出来的有力武器，科学技术的辅人作用正是通过扩展和延长人类各种器官的功能得以实现的。人类在认识世界和改造世界的过程中，对自身某些器官的功能提出了新的要求，但是人类这些器官的功能却不可以无限发展，于是就有了通过应用某种工具和技术来达到延长自身器官功能的要求。例如斧、锄、起重机、机械手等生产工具，这些工具使肢体的能力得到补充和加强，从而使肢体的功能在体外得以延伸和发展。但是经过长期的实践，在人类逐渐掌握了这些工具和技术以后，又会对自身器官的功能水平提出新的要求。人类经过创造新技术进而掌握新技术，使自身对自然的认识达到一个新的水平，使得技术的更新不断出现，不断向更高水平发展。如此周而复始，不断演进，在前进中提高人类认识自然、改造自然的能力。科学技术的发展历程总是与人类自身进化的进程相吻合。通过模拟和延长人体器官的功能，最终达到技术的进步。

3. 信息技术发展的前景为人机共生

技术是人类创造出来的，机器是技术物化的成果。随着技术的进步，机器的功能越来越强大，在某些方面远远超过了人。通过这些机器，人类认识世界和改造世界的能力越来越强，尤其是自动化技术、信息技术和生物技术的飞速发展，使得用机器运转全面取代人的躯体活动，用电脑取代人脑，用人工智能取代人脑智能，用各种人造物全面取代人的身体等越来越多地从理想走入现实。人类不断利用“技术物”来超越自身，使自身从劳动的“苦役”中解放出来。然而，这种“技术化生存”方式在减轻人的负重的同时，也导致了人的物化以及人对技术和技术物的依赖性。有人认为，在科技加速发展、人的物化加速强化的将来，人将被改造成物，变成生产和消费过程的附属品，人与物的界限将不再存在，人将失去他自身的本质，在物化中被消解掉。

然而，机器毕竟是机器。无论它如何发展，其智力都源自人。没有人的高级智慧活动，机器本身是做不出任何创造性劳动的。因此，人与机器的关系应该是共生的。一方面，人离不开机器，需要利用机器拓展自己的生存范围；另一方面，机器不能离开人的智慧去独立发展。在两者的关系中，人以认识和实践的能动性而居于主导地位。科学技术作为自然科学的内容与产物，通常它只具备工具理性，而不具备人文科学所具备的价值理性。因此，科学技术掌握在具有不同价值观念的人手中，其社会效应是截然不同的。在未来人机关系中，人类能否居于主动地位，还取决于社会价值理念的标准与倾向。

（二）信息技术的功能

信息化是当今世界经济和社会发展的大趋势。为了迎接世界信息技术迅猛发展的挑战，世界各国都把发展信息技术作为21世纪社会和经济发展的一项重大战略目标，加快发展本国的信息技术产业，争抢经济发展的制高点。那么，作为一个信息时代的个体，我们应该对信息技术的功能有较为清楚的认识。只有这样，才能真正地适应信息时代。对信息技术本体功能的认识可以有很多视角。如果从延伸人类感觉器官和认知器官的角度来分析信息技术的本体功能，那么，信息技术的本体功能要表现在对信息的采集、传递、存储和处理等方面。

1. 信息技术具有扩展人类采集信息的功能

人类可以通过各种方式采集信息，最直接的方式是用眼睛看、用鼻子闻、用耳朵听、用舌头尝。另外，我们还可以借助各种工具获取更多的信息，例如用望远镜我们可以看得更远，用显微镜可以观察微观世界。但是，人类的知识以每七八年翻一番的速度增长。如此庞杂的知识靠传统的信息获取方式采集显然是不够的。现代信息技术的迅速发展，尤其是传感技术和网络技术的迅速发展，极大地突破了人类难以突破时间和空间的限制，弥补了采集信息的不足，扩展了人类采集信息的功能。

2. 信息技术具有扩展人类传递信息的功能

信息的载体千百年来几乎没有变化，主要的载体依旧是声音、文字和图像，但是信息传递的媒介却经历了多次大的革命。从书报杂志到邮政电信、广播电视、卫星通信、国际互联网络等现代通信技术的出现，每一个进步都极大地改变了人类的社会生活，特别是人类的时空概念。计算机网络的出现，特别是国际互联网的出现，使得跨越时间、跨越国界和跨越文化的信息交往成为可能，这在很大程度上扩展了人类传递信息的功能。

3. 信息技术具有扩展人类存储信息的功能

教育领域中曾流行“仓库理论”，认为大脑是存储事实的仓库，教育就是用知识去填满仓库。学生知道的事实越多，搜集的知识越多，就越有学问。因此“仓库理论”十分重视记忆，认为记忆是存储信息和积累知识的最佳方法。但是在信息社会里，信息总量迅速膨胀，如此多的信息如果光靠记忆显然是不可能的。现代信息技术为信息存储提供了非常有效的方式，例如微技术，计算机软盘、硬盘、光盘以及存储于因特网各个终端的各种信息资源。这样就有效地减轻了人类的记忆负担，同时也扩展了人类存储信息的功能。

4. 信息技术具有扩展人类处理信息的功能

人们用眼睛、耳朵、鼻子、手等器官就能直接获取外界的各种信息，经过大脑的分析、归纳、综合、比较、判断等处理后，能产生有价值的信息。但是在很多时候，有很多复杂的信息需要处理。例如，一些繁杂的航天、军事数据等，如果仅用人工处理是需要耗费非常大的精力的。这就需要一些现代的辅助工具，如计算机技术。在计算机被发明以后，人们将处理大量繁杂信息的工作交给计算机来完成，用计算机帮助我们收集、存储、加工、传递各种信息，效率大为提高，极大地扩展了人类处理信息的功能。

传感技术具有延长人的感觉器官来收集信息的功能，通信技术具有延长人的神经系统传递信息的功能，计算机技术具有延长人的思维器官处理信息和决策的功能，缩微技术具有延长人的记忆器官存储信息的功能。当然，对信息技术本体功能的这种认识是相对的、大致的，因为在传感系统里也有信息的处理和收集，而计算机系统里既有信息传递的过程，也有信息收集的过程。

（三）信息技术的好处

1. 信息技术增加了政治的开放性和透明度

一方面，信息化、网络化使人们更加容易利用信息技术，人们通过互联网获取广泛的信息并主动参与国家的政治生活；另一方面，各级政府部门不断深入发展电子政务工程。政务信息的公开增加了行政的透明度，加强了政府与民众的互动。此外，各政府部门之间的资源共享增强了各部门的协调能力，从而提高了工作效率。政府通过其电子政务平台开展的各种信息服务，为人们提供了极大的方便。

2. 信息技术促进了世界经济的发展

信息技术促进了世界经济的发展，主要体现在以下几点：①信息技术推出了一个新兴的行业——互联网行业。②信息技术使得人们的生产、科研能力获得极大提高。通过互联网，任何个人、团体和组织都可以获得大量的生产经营以及研发等方面的信息，使生产力

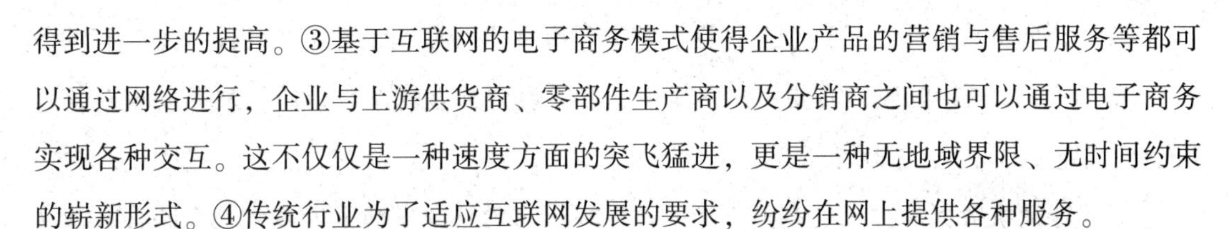

得到进一步的提高。③基于互联网的电子商务模式使得企业产品的营销与售后服务等都可以通过网络进行，企业与上游供货商、零部件生产商以及分销商之间也可以通过电子商务实现各种交互。这不仅仅是一种速度方面的突飞猛进，更是一种无地域界限、无时间约束的崭新形式。④传统行业为了适应互联网发展的要求，纷纷在网上提供各种服务。

3. 信息技术的发展造就了多元文化并存的状态

信息技术的发展造就了多元文化并存的状态，主要体现在以下几点：①网络媒体开始出现并逐渐成为“第四媒体”。互联网同时具备有利于文字传播和有利于图像传播的特点，因此能够促成精英文化和大众文化并存的局面。②互联网与其他传播媒体的一个主要区别在于传播权利的普及，因此有“平民兴办媒体”之说。③互联网造就了一种新的文化模式——网络文化。基于各种通过网络进行的传播和交流，它已经逐渐拥有了一些专门的语言符号、文字符号，形成了自己的特色。

4. 信息技术改善了人们的生活

信息技术使人们的生活更加便利，远程教育也成为现实。虚拟现实技术使人们可以通过互联网尽情游览缤纷的世界。

5. 信息技术推动信息管理进入了崭新的阶段

信息技术作为扩展人类信息功能的技术集合，对信息管理的作用十分重要，是信息管理的技术基础。信息技术的进步使信息管理的手段逐渐从手工方式向自动化、网络化、智能化的方向发展，使人们能全面、快速而准确地查找所需信息，更快速地传递多媒体信息，从而更有效地利用和开发信息资源。

二、 信息技术发展与应用

（一）计算机信息技术的应用

1. 计算机数据库技术在信息管理中的应用

随着现代化信息技术发展水平的不断提升，数据库技术成为新型发展技术的代表。其运用优势主要体现在：①可以在短时间内完成对大量数据的收集工作。②实现对数据的整理和存储。③利用计算机对相关有效数据进行分析和汇总。在市场竞争激烈的背景下，其应用范围得到不断拓展。应用计算机数据库技术需要注意以下几点。

（1）掌握数据库的发展规律。在数据发展体系的运行背景下，数据分布带有很强的规律性。换言之，虽然数据的来源和组织形式存在很大的不同，但是在经过有效的整合之后，会表现出很多相同点，从而可以找到最佳排序方法。

（2）计算机数据库技术具有公用性。数据只有在半开放的条件下才能发挥出应有的价值。数据库建立初始阶段，需要用户注册信息，并设置独立的账户密码，从而实现对信息的有效浏览。

（3）计算机数据库技术具有孤立性。虽然在大多数情况下数据库技术都会联合其他技术共同完成任务，但是数据库技术并不会因此受到任何影响，也就是说数据库技术的软、硬件系统不会与其他技术发生冲突，逻辑结构也不会因此改变。

2. 计算机网络安全技术的应用

计算机网络安全技术的应用主要有以下方面。

（1）计算机网络的安全认证技术。利用先进的计算机网络发展系统，可以对经过合法注册的用户信息做好安全认证，这样可以从根本上避免非法用户窃取合法用户的有效信息进行非法活动。

（2）数据加密技术。加密技术的最高层次就在于打乱系统内部有效信息，保证未经授权的用户无法看懂信息内容，可以有效保护重要的机密信息。

（3）防火墙技术。无论是哪种网络发展系统，安装防护墙都是必要的，其最主要的作用在于有效辅助计算机系统屏蔽垃圾信息。

（4）入侵检测系统。安装入侵检测系统的主要目的是保证可以及时发现系统中的异常信息，实施安全风险防护措施。

3. 办公自动化中计算机信息处理技术的应用

在企业的发展中，需要建立完善的办公信息平台发展体系，可以实现企业内部的有效交流和资源共享，可以最大限度地帮助企业提升工作效率，保证发展的稳定性，可以在激烈的市场竞争中获得生存发展的空间。其中，文字处理技术是企业办公自动化体系的重要构成因素。科学合理地运用智能化文字处理技术，可以保证文字编辑工作不断向着智能化、快捷化方向发展，利用 WPS、Word 等办公软件，可以提升办公信息排版及编辑水平，为企业创造一个高效化的办公环境。数据处理技术的发展要点在于，需要对数据处理软件进行优化升级。通过对数字表格的应用，实现企业整体办公效率的提高，有利于提升数据库管理系统的工作效率。

4. 通过语音识别技术获取重要家庭信息

我国已进入老龄化发展阶段，年轻人因为生活压力一般都会在外打拼，所以会出现空巢老人，他们常常觉得内心孤独。此时，可以有效利用计算机信息技术的语音功能，与老人进行日常交流，还可以记录老人想对子女说的话，方便沟通。

（二）计算机信息技术发展方向

1. 应用多媒体技术

在计算机信息系统管理过程中，有效融入多媒体管理技术，可以保证项目任务的有效完成。众所周知，不同的工程项目都有其自身发展的独特性。在使用多媒体技术进行处理的过程中，难免会出现一些问题，使得用户无法继续接下来的操作。因此，为了能够从根本上减少项目的问题，就需要结合计算机和新媒体技术，完成好相应的开发和互相融合工作。

2. 应用网络技术

每一个发展中的企业都需要完善内部的相应管理体系。但是在实际工作中，不同企业的具体运营状况也存在很大的不同。如果要及时有效地解决一些对企业发展影响重大的问题，就应建立与完善相关的信息发展平台，在内部实现信息共享。企业信息技术部门还要带头组建网络管理群，这样，可以保证企业高层通过网络数据了解到员工的切实需要和企业运作发展状况，为实现企业的可持续发展打下坚实基础。

3. 微型化、智能化

众所周知，现代化的发展进程中，由于生活节奏不断加快，需要不断完善社会建设功能，特别是在当今信息传播如此之快的发展时期，计算机信息技术的应用为了迎合大多数人的发展需要，应不断向智能化和微型化方向转变。那时，人们就可以在各种微小型的设备上，随时随地获得想要了解的信息，完善智能发展要点，并将其应用于工作与学习中，有效提升发展效率，满足人们的不同发展需要。

4. 人性化

随着工业革命的完成，规范化生产模式被实现，计算机信息技术成为辅助人类进行生产与生活的重要组成部分，就像人们接受手机、电脑一样，智能计算机信息技术同样会受到广泛欢迎。相较于现阶段，其应用领域将会无限扩大，大到航天航空领域，小到家庭生活，都在运用计算机管家。而且，计算机信息技术会不断向多元化方向发展，民用化带来的突出变化在于计算机信息技术将会和日常商品一样，可供众多家庭选择。

5. 人机交互

在现阶段的发展过程中，已开始出现人机交互的发展模式，像苹果系列推出的语音助手，可以帮助人们有效解决实际存在的问题，不仅应用起来很简单，而且系统清晰地展示出人机交互的逻辑思维，可以根据人的情感变化做出反应，这看似相互独立的个体，将会在未来有机结合在一起，人机教育也就成为未来发展的一大趋势。

随着社会经济的不断发展，科学技术研究领域日益完善，在当今各项科研成果日益丰硕的时代，这也在一定程度上加速了计算机产品更新换代的速度，而且计算机信息技术包含的范围与涉及的知识要点很多。因此，研发的脚步不能停止，必须不断挖掘其使用潜能，保证人们的生活质量得到有效提升。在未来社会，人们对科技的需求会越来越多，因此，必须投入大量的人力、物力、财力，以推动相关部门的研究工作。

第二章 大数据的概念与发展

第一节 大数据的概念及内涵

一、大数据的基本概念

（一）大数据的概念

1. *大数据的定义*

随着社会化网络的兴起以及云计算、移动互联网和物联网等新一代信息技术的广泛应用，全球数据量呈现出前所未有的爆发增长态势。大数据带来的信息风暴正在逐渐改变人们的生活环境、工作习惯和思维方式。我们看到在商业、经济、医药卫生及其他领域中决策正日益基于数据和分析而做出，而并非仅仅基于经验和直觉。大数据是近年来科学研究的核心所在，其已成为信息时代新阶段的标志，是大型信息系统和互联网的产物，是实现创新驱动发展战略的重要机遇。大数据的发展与应用，将对社会的组织结构、国家治理模式、企业的决策机构、商业的业务策略以及个人的生活方式产生深刻的影响。

大数据（Big Data、Mega Data）是指那些需要利用新处理方法才能通过数据体现出更强决策力、洞察力和流程优化能力的海量、高增长率和多样化的信息资产。

大数据通过海量数据来发现事物之间的相互关系，通过数据挖掘从海量数据中寻找蕴藏其中的数据规律，并利用数据之间的相互关系来解释过去、预测未来，从而实现新的数据规律对传统因果规律的补充。大数据能预测未来，但作为认识论主体意向方的人类只关注预测的结果，而忽视了预测的解释，这就造成预测能力强、解释能力弱的局面。

大数据模型和统计建模有本质的区别。就科学研究中的地位来说，统计建模经常是经验研究和理论研究的配角和检验者；而在大数据的科学研究中，数据模型就是主角，模型承担了科学理论的角色。就数据类型来说，统计建模的数据通常是精心设计的实验数据，具有较高的质量；而大数据中则是海量数据，往往类型繁多，质量参差不齐。就确立模型的过程来说，统计建模的模型是根据研究问题而确定的，目标变量预先已经确定好；大数据中的模型则是通过海量数据确定的，且部分情况下目标变量并不明确。就建模驱动不同来说，统计建模是验证驱动，强调的是先有设计再通过数据验证设计模型的合理性；而大数据模型是数据驱动，强调的是建模过程以及模型的可更新性。

大数据思维是指一种意识，认为公开的数据一旦处理得当就能为千百万人急需解决的问题提供答案。量化思维：大数据是直觉主义到量化思维的变革，在大数据量化思维中一切皆是可量化的，大数据技术通过智能终端、物联网、云计算等技术手段来“量化世界”，从而将自然、社会、人类的一切状态、行为都记录并存储下来，形成与物理足迹相对应的数据足迹。全局思维：是指大数据关注全数据样本，大数据研究的对象是所有样本，而非抽样数据，关注样本中的主流，而非个别，这表征大数据的全局和大局思维。开放共享、数据分享、信息公开在分享资源的同时，也在释放善意，取得互信，在数据交换的基础上产生合作，这将打破传统封闭与垄断，形成开放、共享、包容、合作思维。大数据不仅关注数据的因果关系，更多的是相关性，提高数据采集频度，而放宽了数据的精确度，容错率提高，用概率看待问题，使人们的包容思维得以强化。关联思维、轨迹思维：每一天，我们的身后都拖着一条由个人信息组成的长长的“尾巴”。点击网页、切换电视频道、驾车穿过自动收费站、用信用卡购物、使用手机等行为一些过去完全被忽略的信息，都通过各种方式被数据化地记录下来，全程实时追踪数据轨迹，管理数据生命周期，保证可靠的数据源头、畅通的数据传递、精准的数据分析、友好可读的数据呈现。预测思维：预测既是大数据的核心，也是大数据的目标。

从技术上理解，大数据是一次技术革新，对大数据的整合、存储、挖掘、检索、决策生成都是传统的数据处理技术无法顺利完成的，新技术的发展和成熟加速了大数据时代的来临，如果将数据比作肉体，那技术就是灵魂。大数据时代，数据、技术、思维三足鼎立。

大数据可分成大数据技术、大数据工程、大数据科学和大数据应用等领域。目前人们谈论最多的是大数据技术和大数据应用。工程和科学问题尚未被重视。大数据工程指大数据的规划建设、运营管理的系统工程；大数据科学关注大数据网络发展和运营过程中发现和验证大数据的规律，及其与自然和社会活动之间的关系。

物联网、云计算、移动互联网、车联网、手机、平板电脑、PC 以及遍布地球各个角落的各种各样的传感器，无一不是数据来源或者承载的方式。

核心价值在于对于海量数据进行存储和分析。相比现有的其他技术而言，大数据的“廉价、迅速、优化”这三方面的综合成本是最优的。大数据必将是一场新的技术信息革命，我们有理由相信未来人类的生活、工作也将随大数据革命而产生革命性的变化。

2. 大数据的分类

大数据一般分为互联网数据、科研数据、感知数据和企业数据四类。

互联网数据尤其社交媒体是近年大数据的主要来源，这依托于科技发展。大数据技术主要源于快速发展的国际互联网企业，比如，以搜索应用著称的百度与谷歌，其数据已经达到上千 PB 的规模级别。

科研数据存在于具有极高计算速度且性能优越的仪器设备，包括生物工程研究设备、粒子对撞机和天文望远镜。例如，位于欧洲的国际核子研究中心所装备的大型强子对撞机，在其满负荷的工作状态下每秒就可以产生 PB 级的数据。

在移动互联网时代，基于位置的服务和移动平台的感知功能应用逐渐增多。感知数据与互联网数据越来越重叠，但感知数据的体量同样惊人，而且总量可能不亚于社交媒体。

企业数据种类繁杂，企业同样可以通过物联网收集大量的感知数据。企业外部数据日益吸纳社交媒体数据，内部数据不仅有结构化数据，更多的是非结构化数据，由早期电子邮件和文档文本等扩展到社交媒体与感知数据，包括多种多样的音频、视频、图片以及模拟信号等。

3. 大数据技术

大数据技术包括大数据科学、大数据工程和大数据应用。其中，大数据科学指在大数据网络的快速发展和运营过程中寻找规律，验证大数据与社会活动之间的复杂关系；大数据工程指通过规划建设大数据并进行运营管理的整个系统；大数据应用是大数据在现代生活各领域中的具体应用。

大数据需要有效地处理大量数据，包括大规模并行处理（MPP）数据库、分布式文件系统、数据挖掘电网、云计算平台、分布式数据库、互联网和可扩展的存储系统。当前用于分析大数据的工具主要有开源与商用两个生态圈：开源大数据生态圈主要包括 Hadoop HDFS、Hadoop Map Reduce、HBase 等，商用大数据生态圈包括一体机数据库、数据仓库及数据集市。利用关系型数据库处理和分析大量非结构化数据需要用到大量时间和金钱，这是由于大型数据集分析需要大量电脑持续高效分配工作。大数据分析与传统的数据仓库相比具有数据量大、查询和分析复杂的特点。因此，大数据分析常和云计算联系在一起。

（二）大数据的基本特点

1. 规模巨大

大数据时代的来临使各种数据呈爆炸式增长，智能化设备的应用更加速了数据的增长。当前智能手机成为每个人的“新宠”，而手机里的微信、微博、微直播等 App 软件的广泛应用，在丰富人们日常生活的同时，也产生了巨大的数据量。此外，在数据的增长速度上，大数据也较传统的数据更具优势。

2. 快捷高效

在大数据时代，数据的采集、存储、处理和传输等各个环节都实现了智能化、网络化，数据的来源也从人工采集走向了自动生成。例如，我们可以从网站站点的点击量来分析网民关注的热点；分析公路交通传感器产生的数据，可以得出道路是否拥堵或畅通；分析银行的数据信息系统，可以获得资金的交易情况；等等。此外，数据产生的速度之快，也使得我们可以在更短的时间内对这些数据进行掌握。诸如此类的数据信息，生成速率高、数量庞大，实时获取、实时处理才能实现其应有的时效性价值。

3. 类型多样

大数据时代的数据性质发生了重大变化。由于各种类型电子设备的广泛使用，产生了一些不同于传统数据类型的非结构化数据。这些数据符号与传统的结构化数据相比，能够更深刻、清晰地表征事物的现实现象与特征。例如，图像数据、声音数据、视频数据以及位置数据等非结构性数据，使人们对于事物信息的采集更加丰富、生动与形象，为事物的可认识性提供了更多的基础性素材。

4. 数据客观真实

数据是记录事物及其状态的表现形式。小数据时代，我们如果想要对某一事物进行了解，可以选择观察、实验或者问卷调查的方式，再对结果进行分析，产生的数据结果才能使用。在进行调查之前，需要有一套实施方案，事先确定采集数据的意图，根据目的选取调查方法以及实验手段等。这些环节中难免存在调查者的主观思想，需要认真思考取得数据的真实性与客观性。所以，小数据时代的调查方法有一定的弊端。在大数据时代，数据的收集、获得都是经由一定的电子设备自动生成的，即先有数据后有目的，数据的自动生成不受人类的主观干涉。因此，在一定程度上确保了数据的客观真实性。

总之，在大数据时代，人类行为、心理实验、科学研究、图像及语言识别等各个领域都可利用智能设备进行数据采集，并利用大数据技术进行数据化处理分析，以完成既定目标。因此，在大数据时代，一切事物均可数据化。

二、 大数据技术与系统

（一） 大数据技术体系

事实上，业界并没有就大数据技术的边界做出明确界定。一般来说，大数据技术是指与大数据的获取、收集、传输、存储、管理、计算、分析等相关的技术手段和方式方法，也可以认为大数据技术就是人们用来处理大数据的相关技术与方法。这些技术与方法按照大数据的处理流程构成了大数据处理过程中的不同环节，包括数据采集、数据存储、数据预处理、数据分析以及数据展示等。在各环节中，都有大数据处理平台提供的相应工具，并且这些环节环环相扣，最终形成了一个完整的大数据处理链条。

1. 大数据处理平台

大数据处理平台，即云计算平台。云计算是大数据的计算平台，大数据是云计算的处理对象，即大数据是需求，云计算是手段。没有大数据就不需要云计算，没有云计算就无法处理大数据。

2. 大数据处理环节

大数据的处理包括数据采集、数据存储、数据计算、数据分析以及数据预处理和数据展示等环节。具体讲，有通过传感器、日志、爬虫进行的数据采集，有分布式的数据储存，有基于 MapReduce、流计算、图计算等计算模型的数据计算，有使用各种数据挖掘和机器学习算法的数据分析，以及为数据分析做准备工作的数据预处理和数据分析后的数据展示。

3. 大数据技术的特点及意义

（1）大数据技术的特点

①前沿性。大数据技术是 21 世纪产生和发展起来的新技术，属于人类社会的高新技术领域，具有前沿性。

②复杂性。大数据技术是在多个学科领域与多种技术手段的基础上发展起来的，与之相关的学科类别有数学、计算机科学、统计学、机器学习、信息科学以及人工智能等。因而，大数据技术是汇集了多学科知识，由多种工程技术交织而成的技术体系，具有一定的深度和复杂性。

③社会性。大数据技术渗透进我们生产和生活的方方面面，与人类社会深度交融。同时，大数据技术与人工智能、互联网等其他一些技术联系紧密，具有广泛的社会性。

（2）大数据技术的意义

①数据虽然不是由大数据技术生产和创造的，但大数据技术使数据成了大数据。具体而言，大数据技术是大数据的处理手段，是数据成为大数据的前提条件和方式，没有大数据技术就没有现实意义上的大数据。

②大数据技术是大数据发挥作用、产生价值的途径。大数据本身是数据，而数据只不过是存储在介质中的抽象符号，在数据没有被调用的时候，它只是静静地“躺在”数据仓库里，是静态的。通过大数据技术，数据能够被调用、改造，使得其内容得以展现，实质

得以彰显。也正是在这一过程中，数据成为大数据，与世界发生交互，从而发挥其功能，创造出价值。

③大数据技术是大数据的价值所在。在迅速发展的现代社会，大数据对我们而言并不在于弄清楚其概念、研究其本质，而在于如何借助大数据提高我们的社会生产力，发展社会经济，改善人民的生活。技术只是一种手段，技术的根本目的应当是造福人类。简言之，大数据作为前沿技术的代名词，助力人类社会发展才是其最本质的价值依托，也是我们倡导大数据发展的根本目的。因此，大数据技术是大数据发挥作用的途径，也是最根本的价值所在。

（二）大数据系统架构

1. 大数据处理系统

（1）批量数据处理系统

批量数据处理系统的主要任务是从数据库中读取批量数据，然后分析适当的模式并提出相关的明确含义，制定出科学合理的应对策略，从而进一步实现特定的业务目标。一般来说，大数据源于互联网或云计算等相关的网络平台，能够帮助平台解决遇到的各种难题。对企业而言，可以通过处理过程中所产生的相关数据对恶意软件进行有效识别，从而判断出这些外来信息是否安全可靠，这样就可以大大加强公司网络和数据的安全性。

（2）交互式数据处理系统

交互式数据处理系统和非交互式数据处理系统相比，灵活性更强。该系统能够和相关的工作人员人机对话，以此完成输入工作。这时系统可以自动地进行数据分析，并帮助相关操作人员按照要求一步一步地展开操作，最终得到有效的结果。这样的方式能够及时处理系统中的应用信息，便于交互式数据能够得到进一步应用。

2. 大数据分析过程

（1）深度学习

在分析大数据的过程中，最为重要的一个环节就是如何才能有效地表达以及学习大数据。深度学习主要指根据层次的架构中所针对对象在不同阶级上的表达，解决一些比较抽象且不容易直接思考的问题。随着近年来科学技术的飞速发展，无论是在图像还是在语言、语音的应用领域，深度学习都得到了飞速发展。

（2）知识计算

知识计算是能将各种形态的知识数据通过一系列 AI 技术进行抽取、表达、协同进而进行计算，产生更为精准的模型。

3. 基于大数据的应用系统架构

在 Hadoop 体系的分布式应用中，基于大数据的数据分析应用架构已经和大数据信息架构互相结合，为各个行业领域的大数据应用带来了经济价值和信息资产。Hadoop 体系采用云计算和分布式的应用技术对大数据进行处理和分析，并且能对数据源进行深度挖掘，获得更大的数据潜在价值。

（1）Hadoop 对日志数据的处理

目前，互联网站点的数量呈指数级增长，Web 服务器因为业务量的剧增而生成庞大的日志文件数据，其中包括网址访问和业务数据流程处理的相关数据。这些日志文件数据经过一系列云计算算法处理后会上传到云端，对这些数据的分析处理能够反映整个应用系统的实时运行状态，同时也可以反馈系统异常问题。

（2）Hadoop 并行处理系统架构

在 Hadoop 体系的分布式大数据应用中，数据采集模块会将采集到的各种类型的数据传送到 Hadoop 的并行处理系统架构中，然后信息数据被保存到 HDFS 中，传送数据会被 Hadoop 体系中的 MapReduce 并行计算编程模型作为框架来进行系统化处理，MapReduce 分布式的并行计算编程模型能够有效地解决数据分布范围大且零散导致采集难的问题。同时，这些信息数据会在分析前被分散到各个分节点，然后系统会利用就近原则读取相邻节点的数据，映射数据进行处理分析，经过处理分析后的数据会被再进行数据汇聚合并。由此可见，基于 Hadoop 体系的大数据分析应用具备高速、可靠的特点，能够满足大数据的数据处理和分析需求。

4. 基于大数据的数据分析系统架构

（1）传统的大数据数据分析架构

传统的大数据数据分析架构主要进行传统的商业智能（BI）数据分析，由于数据量和系统性能不能满足大数据需要，所以基于此类的数据分析技术使用了大数据的数据分析组件替换传统的 BI 系统组件，保留了大数据的数据仓库技术（ETL）操作，相对解决基于大数据的 BI 数据分析。整个架构相对简单易懂，缺点是缺乏对实时数据分析的支持。

（2）流式数据分析架构

数据在应用过程中全部以流的形式进行分析处理，去除了数据批处理，用数据通道替换了 ETL 操作。经过流式数据分析处理加工后的数据，以信息推送的方式推送给用户。相对于其他数据分析架构，流式数据分析架构由于取消了 ETL 操作，所以数据的处理效率非常高，但是由于没有了数据批处理，导致不能很好地支撑数据统计和重播，不利于离线数据分析。

（3）Lambda 数据分析架构

在大数据分析系统中，Lambda 数据分析架构是比较重要的一种，大多数的架构都基于此实现。Lambda 数据分析架构的数据通道分为两种：实时数据流分析和离线数据分析。其中，实时数据流的分析架构是流式数据分析架构，多采用增量式计算，保障了数据处理分析的实时性；离线数据分析以全量运算的数据批处理为主，保证了数据的一致性。在 Lambda 数据分析架构的最外层是一个实时和离线的数据分析的合并层，这个合并层是 Lambda 数据分析架构的关键，分别集合了实时数据分析和离线数据分析的优点，又适合于对实时数据分析和离线数据分析同时存在的场景。

（4）Kappa 数据分析架构

Kappa 数据分析架构在 Lambda 数据分析架构的基础上进行了优化，在数据通道上把实时数据分析和流式数据分析进行了合并，以消息队列进行数据传输。Kappa 数据分析架构以数据流的分析形式为主，不同的是数据存储在数据层面上，当需要进行离线数据分析或者再次执行数据分析操作时，只需要从数据层以消息队列的方式将数据重播一次即可。此外，Kappa 数据分析架构去除了 Lambda 数据分析架构当中的冗余部分，将数据分析重播加入架构中。Kappa 数据分析架构的结构整体相当简洁，缺点是虽然结构简洁，但是数据分析重播部分实现难度较高，所以总体架构难度比较大。

（5）Unifield 数据分析架构

以上几种数据分析架构都以处理海量数据为主，而 Unifield 数据分析架构是将数据处理分析与机器学习整合为一体。从架构的核心层面来看，Unifield 数据分析架构还是基于 Lambda 数据分析架构的，只是在数据流分析层加入了机器学习层，增加了数据模型训练，数据在加载后从数据通道到数据湖进行数据模型训练，然后提供给数据分析流层调用，同时数据分析流层会对数据进行持续的数据模型训练。Unifield 数据分析架构很好地解决了数据分析平台与人工智能领域的结合问题，适合应用于人工智能。缺点就是由于整合了机器学习层，对架构的技术要求更高。

第二节　大数据的社会价值与潜在风险

一、大数据的社会价值

（一）大数据与数字经济

1. 数字经济的商业模式与大数据扮演的角色

数字经济是大数据开发应用的主要场景，而大数据不仅是数字经济的关键生产要素，而且还是驱动数字经济创新发展的核心动能。

数字经济的主流商业模式是平台式商业模式，即一种发挥连接作用的商业模式，其目的是建立多边连接并促进多边利益相关者之间的正向反馈，平台在此过程中进行盈利。一个最为典型的例子：搜索引擎服务提供者一方面向终端用户提供“免费”服务，另一方面通过基于“每次点击”的广告销售获得补贴。

平台式商业模式分为订阅型模式、广告型模式和接入型模式，各模式的运行机制如下：

订阅型模式：网络服务提供者直接向终端用户提供服务，没有第三方参与。通常情况下，网络服务提供者会向订阅用户收取费用，而非提供免费服务，例如高清视频在线观看、体育比赛在线直播等。

广告型模式：除了网络服务提供者和终端用户外，该平台中还有广告主参与。网络服务提供者无偿向终端用户提供服务，作为间接支付对价的一种方式，终端用户需要浏览广告以及提供个人数据，而广告主则向网络服务提供者购买广告服务，如搜索引擎、社交软件、电子商务等皆是采用广告型模式。

接入型模式：这种模式类似于传统中间商，即网络服务提供者提供一个平台，以此连通应用程序开发者、内容提供者与终端用户，其既可直接向终端用户收取费用，也可委托网络服务提供者代为向终端用户收取费用，例如 Windows 应用软件商店、苹果应用软件商店等。

不同类型的平台式商业模式之间有着或多或少的差异，但究其本质而言，它们皆根植于直接网络效应和间接网络效应，如终端用户之间存在直接网络效应，终端用户和广告主或者内容提供者之间存在间接网络效应。再者，考虑到终端用户给广告主或者内容提供者带来的网络效应会更强，网络服务提供者普遍采取极端倾斜的定价方式，即免费或者以极低价格向终端用户提供商品或者服务，而向广告主或者内容提供者收取相对较高的费用，如此便可通过交叉补贴来保持平台始终处于盈利状态。需要指出的是，具有网络效应的市场存在“赢家通吃”的马太效应，一旦经营者在市场竞争中脱颖而出，就很可能依此获得所有或者绝大部分市场份额，而失败者将被淘汰出市场。由此推演得出，网络服务提供者要想获得商业成功需满足如下两个条件：一是通过提供高质量的产品、服务来吸引或者留住用户，进而获得抑或维系竞争优势；二是为了生成高质量的产品、服务，往往要通过提供广告服务或以其他方式来赚取收入。

在数字经济中，获取和使用数据对上述两个条件的达成至关重要。有观点指出，不管是哪一种互联网商业模式都依赖于吸引终端用户的注意力，更确切地说，这样做的目的在于获取接受某一产品或者服务的用户的数据。唯有不断收集数据，像谷歌、Facebook 和亚马逊这样的行业巨头才能驱逐新进入者，以及阻止有意研发互补性产品但缺乏必要数据的经营者参与竞争。大数据已然成为网络服务提供者能否取得成功的关键所在，原因主要有以下几点：

第一，网络服务提供者获取和使用数据的能力影响其产品或者服务的质量，进而影响该平台对终端用户和广告主、内容提供者的吸引力，从而决定网络服务提供者获得商业成功的第一个要件能否达成。

第二，网络服务提供者通过使用数据来帮助客户进行精准推送，抑或将自己收集的数据有偿转让或者许可给第三方，以此赚取足够多的收入来支撑整个平台的运营。这说明获取和使用数据能否盈利是网络服务提供者获得商业成功的第二个条件。当前，随着使用大数据精准投放广告或者推送相关内容成为主流形态，获取和使用数据已然是网络服务提供者实现盈利的必要手段。

2. 数字经济的竞争特质：数据驱动型反馈回路

在数字经济背景下，大数据已然是网络服务提供者取得商业成功的关键因素。大数据代表了互联网企业核心资产，网络服务提供者可以通过收集和使用数据来赢得绝对竞争优势。实际上，早在传统经济时代，数据就已成为一项重要的企业资产和生产要素。

综观已有相关学术文献或是相关机构发布的调研报告，在论及大数据对市场竞争的影响有何特殊之处时，几乎都会提到“用户反馈回路”和“货币化反馈回路”，两者合称为“数据驱动型反馈回路”。换言之，“数据驱动型反馈回路”体现了数字经济的竞争特质，从侧面回应了数字经济视野中的大数据为何能够对市场竞争产生重大影响。

（1）用户反馈回路

用户反馈回路描述了用户、用户数据以及在线服务质量之间的正反馈效应，即网络服务提供者拥有大量用户，可通过收集和使用数据来优化相关产品或者服务，而这些产品或者服务又可吸引更多新用户，使得该网络服务提供者能够收集更多的数据，并且这些数据可再次被用于改进其产品或者服务。

通常来说，一旦存在用户反馈回路，中小网络服务提供者将很难与大型网络服务提供者相抗衡。因为前者无法收集和使用数据来持续优化其产品或者服务，这将导致其缺乏提供与后者同等服务质量的能力。值得注意的是，用户反馈回路建立在一个前提上，即在线服务质量在很大程度上取决于数据收集和使用，但这个假设并不总是成立，而是需要依据个案的具体情况进行研判。在大多数情况下，在线服务质量并不完全甚至鲜有取决于用户数据，用户反馈回路难以出现。再者，即便存在用户反馈回路，如果数据收集成本不是很高，由此产生的影响也微乎其微。

（2）货币化反馈回路

相较于用户反馈回路，货币化反馈回路集中体现了网络服务提供者收集和使用数据对平台盈利端市场的影响。简言之，货币化反馈回路可以理解为：网络服务提供者通过收集和使用数据来改进广告投放或者内容推送服务，进而将赚取的收入用于改进免费提供的产品或者服务，从而再次吸引更多的用户以及获取更多的数据。

货币化反馈回路的作用机理由以下五个部分组成：其一，更多的用户会产生更多的数据；其二，伴随着数据量越来越大，网络服务提供者可以利用数据优化和改进算法，进而提升广告投放精准度；其三，在时下盛行的每点击付费（pay per click）模式下，用户点击广告可能性的增加意味着网络服务提供者盈利的增长；其四，网络服务提供者能够将更多的资金用于改善相关产品或者服务的质量；其五，随着时间的推移，使用该产品或者服务的用户规模将逐步扩大。

（二）大数据驱动政府治理与服务创新

1. 数据实时采集促进地方政府治理信息及时化

随着互联网信息技术在我国的迅速普及和应用，使网络成为社会公众获取信息、表达意见、发表观点的重要平台，也是政府有关部门了解公众意见、沟通社会大众的重要窗口。例如，地方政府要想更全面、及时、准确获取社会公众意见，与社会公众沟通，离不开对大数据的运用，即表明是否及时有效与社会公众沟通，取决于地方政府数据采集是否全面、算法模型是否合理，也取决于数据采集速度的快慢。

对网络大数据的采集称为“网页抓屏”“数据挖掘”和“网络收割”，通常使用一种称作“网络爬虫”的程序实现。“网络爬虫”一般是先“爬”到对应的网页上，再把需要的信息“铲”下来。互联网大数据类型多样、构成复杂，对网络大数据的利用必须经过再次采集和筛选，才能从繁杂的大数据中挖掘有价值的信息。网络大数据与自然科学数据相比，具有许多不同的特点（如数据类型多样、实时性强、噪声高等），而且具有非结构化数据占比高、重复性大的特点，所以价值密度很低，相比科学的实验数据分析也更加困难。

总之，数据采集是了解社情民意的基础，也是数据分析的基础，只有采集到充足的数据，以合理的模板进行存储分析、沟通才能准确、及时、有效。因此，大数据对了解、掌握网络世界网民的思想动态和基本需求，及时与社会公众沟通而言，是非常重要的工具和手段。

2. *数据存储技术促进地方政府治理系统化*

随着互联网技术的蓬勃发展，计算设备的微型化和移动化方兴未艾，人类社会发展对存储空间的需求日益增长，这是因为社会个体不再是信息的被动接受者，而是逐渐成为信息的主要生产者。从生成数据的构成来看，非结构化数据以文本信息、图片、视频、音频以及地理位置信息为主，而可以直接读取的结构化数据占比较小。由此可见，要充分利用大数据资源，对非结构化数据的价值挖掘至关重要。

充分发掘非结构化数据的价值，对其系统化存储而言是基础。传统的关系型数据库利用的是关系型数据库模型，可以对结构化数据用蕴含关系代数逻辑的编程语言进行分析。但是非结构化数据具有容量大、增速快、格式多样的特点，因此在进行有效数据查找和价值提炼的过程中无法以简单逻辑关系进行处理，这对相关计算机软件和硬件设施皆提出了新的要求。

分布式存储技术，衍生于集中式存储技术，即将数据资源存储在虚拟空间上，利用网络技术，将零散的空间集中整合成一个整体，这个整体就是数据资源存储的主体。分布式管理技术是随着分布式存储技术发展应运而生的空间管理技术，它能将零散的空间进行整合，同时能够通过服务器将数据资源分散存储，从而保障整个系统的安全。同时，分布式存储技术的关键就是分散式存储和集中化管理，这就有赖于分布式存储系统的建构。

在实际应用中，分布式存储技术可依靠其强大的数据存储功能，对大量数据进行高效快速的处理。例如，我国的火车票订购网站使用的就是分布式存储技术，其核心就是数据分散存储和集中管理，不但保障了数据处理的效率，也保证了数据处理的统一性。

3. *数据挖掘促进地方政府服务精准化*

信息技术的飞速发展和互联网的普及，使得数据呈指数级增长，诸如商业、金融、医疗、政治、日常生活等领域的大数据无处不在。面对如此浩瀚的数据海洋，如何从中挖掘有价值的信息，成为人们关注的焦点。目前，传统的数据分析技术和工具已经无法应对信息量巨大的大数据资源，而且各行业领域对挖掘数据资源中的价值需求又前所未有地迫切，在这样迫切的需求和期望中，大数据应用的核心技术——数据挖掘，应运而生。

数据挖掘是指从大量数据中提取隐含的、先前未知的、有价值的知识和规则。但要注意，在使用数据挖掘技术前首先需要对数据进行采集、预处理及存储，将采集到的数据中无效及与目标无关的数据进行过滤；其次将数据加以集成，并且将数据资源转换成易于挖掘分析的格式进行分布式存储；最后利用相关算法和技术工具挖掘数据资源中潜在的价值，把有价值的信息按照条件进行筛选并用可视化技术公之于众。由于整个数据挖掘过程程序复杂，应用的技术也较广，如机器学习、数据库、统计学及可视化等技术，所以在习惯上用“数据挖掘”默认表示整个数据价值挖掘的过程。

事实上，数据挖掘的目的就是发现隐藏在原始数据中的关系和模式，以帮助预测现实中时态的动向。就政府方面而言，其在广泛的现实应用中已经为政府治理带来了巨大服务效益。假设在一个城市中需要新增一批加油站，那么在确定这些新加油站位置时就需要考虑区域性的限制条件，如车流量、是否毗邻高速路口以及每个位置的客户流量等。借助数据挖掘技术，在一个聚合的数据仓库中能够挖掘出最佳的加油站站点位置，从而达到精准决策，为社会公众提供优质服务的效果。同时，数据挖掘还可以改善对社会公众健康的监控，通过建立覆盖全国患者的电子病历数据库，能够快速检测传染性疾病，还能监控疫情走势，并且通过疾病检测响应程序，达到快速响应，降低疾病蔓延和扩散风险的目的。此外，还可为社会公众提供医疗健康咨询，通过统一数据库向社会公众精确发布疾病信息，增强社会公众健康风险意识，减少公众恐慌和感染风险。此外，在以往的教育管理决策中，决策者更多依赖个人有限的理解和经验，这容易导致决策主观性较大。数据挖掘可以让决策者不仅仅依赖直觉和个人推论，而是通过深入分析和挖掘教育大数据中的隐藏信息，预测决策的可能结果，以此为教育管理决策提供优化路径。

4. 数据可视化促进地方政府治理透明化

数据可视化随着信息技术的快速发展而产生，在一定程度上推动了大数据相关技术的发展和进步。数据可视化技术诞生于20世纪80年代，其定义可以被概括为：运用计算机图形学和图像处理技术，以图表、地图、标签云、动画或其他图形方式来呈现数据，使通过数据表达的内容更容易被理解。因此，数据可视化不仅是对数据的简单呈现，更重要的是针对大型关系型数据库或数据仓库的应用，旨在以图形和图像的方式展示大型数据库中的多维数据，通过可视化的方式来处理大数据，从而总结归纳数据集的生成模式、相互关联和结构，为大数据服务社会发展提供有力支撑。同时，数据可视化以直观方式呈现数据资源，让分析者可以更加直观地观察数据信息，进而发现数据中隐藏的相互关系和规律，主要涉及网络数据、交通数据、生物医药数据、社交数据、政务数据可视化等领域的应用。数据可视化成为大数据应用不可或缺的重要手段之一。

数据可视化的分类从纯技术角度出发，可以分为基于几何投影的数据可视化、面向像素的数据可视化、基于图标的数据可视化、基于基层的数据可视化和基于图形的数据可视化五大类；从实用角度来看，数据可视化可以分为科学可视化、信息可视化和可视化分析学三大类。

其中，科学可视化是针对大数据处理问题提出的可视化解决方案，在应用领域中包括科学研究和工程计算；可视化分析学是一门通过交互式可视化界面促进分析推理的科学，可以帮助人们利用可视化分析工具从海量、多元的数据中综合分析并获得有价值的信息，并从中分析出应该公开而没有及时得到发布的信息，为提升政府透明度和信息公开化水平提供助力。此外，政府在进行大数据信息公开展示过程中，也可通过信息可视化针对不同信息特点和公众需求选择合适的可视化公开表现形式和方法，让公开的信息更加丰富和完善，更具有说服力和公信力，进而弥补简单结构化数据信息公开的单一性。比如，各大城市交通运输部门以地图形式公开各城市铁路、轨道交通和公交车的运营路线；各级政府部门的层级关系以树状图表示，具体明确部门所属关系和权责关系等。

（三）大数据促进生态文明建设

1. 大数据助力国家生态治理能力的提升

大数据作为具有战略意义的新兴产业，正日益成为政府提升生态治理能力的中坚力量。大数据助推政府生态治理能力，主要是从政府的治理理念、治理模式、治理内容、治理手段几个方面进行革新，整个革新内容就是一个推动政府治理能力现代化的过程。将大数据应用于生态治理，从而加速构建服务型政府，转变政府职能，促进政府精简机构、流程。

（1）促进政府治理理念转型

现代化的推进是一个由传统社会走向现代社会的过程。大数据的介入恰好可以满足政府宏观规划、数据监管以及问责考核的需要。大数据的发展应用使人们认识世界的方式更加理性，以事实为依据、数据为准绳，借助其本身固有的优势为当前政府生态治理科学决策的制定提供强有力的技术支持：通过收集切实海量数据信息直观地反映当前政府治理工作中存在的不足，帮助政府及时扭转在环境治理中面临的不良局面；依托大数据用数字说话，能直观地反映当前生态治理的各种动态，给政府提供科学又翔实的数据，让政府决策时有据可依。此外，大数据使数字信息流动性更强，其共享与开放的特征促成政府开放式的治理模式，敦促政府积极响应新时代的要求，加速转变政府职能并提高公共服务能力。从管理到治理，体现政府治理理念的转变。从流动的信息里提取出蕴含生态价值的信息，要求政府在行使表决权利和履行服务义务时要充分体现时效性，这对政府的工作效率提出了更高的要求。因此，大数据驱动政府转型，在当前生态治理中，数据变得更有话语权，并推动着政府树立大的数据观，促进政府生态理念的转型，在决策和治理中更加注重数据治理，做到凡事心中有“数”，形成大数据思维。

（2）推动生态治理模式转型

由于传统的样本数据秉承着统计学中“以最小的数据获取最多的信息”的目的，抽取的样本信息均存在概率性。这在宏观方面尚能起到轻微的作用，在微观层面却失去了作用，无法就特殊问题提出解决方案。以样本数据来解决生态难题，样本数据的宏观概括性导致无法掌握问题的本质，不能就当前生态危机的主要矛盾明确治理方向，从而无法满足政府制订精准科学治理方案的需要。而大数据中的信息具有流动性，恰好突破了这种局限性，使政府从扁平化的信息中抽身出来。立足于大数据思维，在面对当前亟须解决的生态问题时能具全局观。除此以外，大数据能从海量信息中挖掘出重要信息，牢牢把握事物发展的特征，引导人们正确认识治理对象，明确生态治理的方向。因此，政府可以借用大数据实现精准治理，甚至量身定做个性化服务，推动服务型政府职能的转变。

（3）推动生态治理手段转型

传统的生态治理往往依据经验和权威，不仅存在脱离公众、决策不透明的情况，而且缺乏实效性和科学性，往往导致结果不尽如人意，收益和支出不相称。与此相比，大数据提供的数据足够翔实，数据量大、数据种类多样化以及处理速度高效等都为相关性决策分析提供了大量有价值的信息，优化了决策能力，增强了决策的科学性。目前，大数据作为一种新技术，已成为政府实现智慧决策的钥匙。

（4）推动政府生态治理内容变革

在层级结构中，信息的传达需要从基层开始依次交接，并通过一层层筛选最终到达最高决策者。层级结构的运作显然非常费时费力，已无法满足和适应现代企业的多元化要求。大数据技术实现了信息扁平化，进而实现了政府对生态环境信息的全程动态监管。基于此，政府通过信息平台向公众加大了数据的共享和开放力度，以便可以随时从中调取不同种类的信息资源。

如今，大数据确实已经成为政府用于提升生态治理能力的新方法，并作为政府治理创新的重要驱动力，不断推动着政府治理理念、治理模式、治理内容及治理手段的变革。

2. 大数据为生态评估提供科学而精准的支撑

在城市建设中，为了更直观、生动、科学地展示建设成果和政府工作方面的建设绩效，相关管理部门通常会借助一些指标体系。如在生态文明建设中建设成果指标体系的构建，便充分运用了大数据技术，借助大数据筛选出最具代表性的指标，给城市建设绩效提供了科学、精准、有效的参考。

从人类行为角度来看，人类所有的生产生活行为都会在互联网上留下大量痕迹，这些痕迹经过处理就构成生态文明建设的基础数据库。在生活中无处不在的大数据，不仅有助于政府在生态文明建设中牢牢把握事物发展的规律性特征，而且有利于明确生态治理的方向，更容易实现精细管理、精准治理甚至提供个性化服务。同时，客观海量的数据也为未来构建更加公平合理的生态文明建设量化指标体系提供了可能，有助于政府准确把握生态文明建设过程中可能存在的问题，并有针对性地制定政策和措施，逐步提升政府治理水平。

3. 大数据助推全民生态意识的养成

从全民生态意识的现状来看，公众在总体上缺乏对生态环境问题的全面了解，并在社会性、效益性和全局性等方面缺乏系统的认识。生态认识是生态意识养成的前提，只有拥有充分的生态认识，人们在面对生态危机时才能产生忧患意识，进而培养生态意识。从生态认识里我们得知，生态认识在生态意识的养成中扮演着重要角色，公众只有在保持充分认识的前提下才能拥有思维的绝对理性。

就目前来看，我国公众获取生态信息的途径还是以互联网、电视、报刊为主，其中从互联网上获取的生态信息所占比重最大。例如，随着微博、微信公众号、各类门户网站等应用的崛起和普及，这些新兴媒介逐渐成为公众获取相关生态环境信息动态的主力，也成了公众形成基本的生态意识的技术支持。

（四）大数据推动医疗创新

1. 大数据医疗与传统医疗的对比

大数据医疗与传统医疗存在较大差别，如诊断错误概率、信息处理速度、医疗资源配置及个人医疗信息管理等。与传统医疗相比，大数据医疗具备以下优点：

（1）运作效率快，出错概率小

在传统医疗中，各种数据指标都需要人为操作、汲取和整合信息，但人为处理数据的速度较慢、容易出错且更新速度慢，同时不宜做出科学预测。而大数据医疗能够快速处理医疗数据信息，具有出错概率小、数据更新及时、信息处理速度快的特点。同时，大数据可以根据数据的整合、总结，做出科学的行为预测与判断。

(2) 优秀医疗资源分配更加合理

由于传统医疗资源受各方面因素的影响（如医护人员受教育程度、所处地理位置、所在硬件环境等），导致医疗专家相对集中在大、中型城市，乡镇等偏远地区则较为稀缺。医疗资源产生“两极分化”，大医院人满为患，小医院却得不到良好的医疗资源。基于大数据的医疗资源分配会更加合理，病人可以通过互联网平台提前预约知名医疗专家为其提供服务，实现在线远程指导和提供医疗帮助。所以，医疗大数据资源共享极大地提高了优秀医疗资源的利用率，提高医疗效率，缓解“看病难，看病贵”等问题。

(3) 个人医疗信息更加完善

在偏远地区互联网尚未得到普及，电子病历档案尚未归一化。在大数据时代下，由于大数据医疗资源的共享应用，使更多人建立了自己的电子病历档案和医疗信息。对于个人信息采集与识别、医疗行为与费用支付等问题，大数据已为不同医疗系统、医疗机构、地域之间提供便捷医疗共享服务，进一步助力医疗信息共享变为可能。

2. 大数据提高临床效率

大数据的崛起，使大数据应用分析技术在医疗体系中发挥了巨大的价值。病案系统（EMR）、实验室信息系统（LIS）、影像归档和通信系统（PACS）等数据信息系统的出现，为医生提供了更为有效的诊断服务，有效地简化了医疗诊断流程，提高了医疗临床诊断结果的准确性，大大节约了病人和医护人员的时间，提高了病人的就医率。对医务人员来说，通过合理应用 EMR、LIS 与 PACS 等数据信息系统，使医疗数据得到全面利用才能够高效、快速解决临床中难以及时处理的问题。简言之，基于大数据技术的临床医疗系统的应用，能够有效提升医疗效率，帮助医护人员解决更多病人的临床问题。

3. 大数据改进生物制药技术

通过人数据技术分析公众疾病的药品需求情况，所得信息反馈给医药研发部门，使其对有限的资源进行更有效的配置与管理。同时，将日常就诊病人的相关数据汇入数据仓库，与历史记录汇集、分类，最后通过数据挖掘技术从数据仓库中获取有效信息，进行行为预测与判断，为生物制药提供有力依据。此外，还可以通过追踪相关药物，帮助医护人员及时准确地了解病人的身心健康状况，及时调整治疗药物的用量问题。

与传统的生物制药相比，大数据医疗生物制药能够实时监测药物的效果，及时检测药物的使用情况。

4. 大数据医疗发展趋势

(1) 大数据、云服务数据共享

大数据医疗的发展是指依托大数据、云服务构建大型医学数据仓库，同时建设互联互通的国家、省、市、县四级人口健康信息平台，并在此基础上完成各级医疗机构间的数据共享工作。同时，将物联网、移动互联网等关键技术逐步应用到医疗服务中，加强数据挖掘管理与有效信息的应用，为管理决策工作提供重要信息，进一步推动医疗系统健康发展，深化医疗资源的均衡配置。

（2）大数据医疗平台化

为了实现对医疗领域中海量数据的存储、管理与共享，建设大数据平台已成为不可缺少的应用举措。但要注意，建立强大的大数据平台需要强大的数据支持能力，由此需要建设适合社会需求、监管、决策、服务的安全大数据医疗共享平台。同时这也是实现大数据汇集、存储、分析与应用的基础，为实现统一标准、统一管制，提升管理效率，管理层应用决策等，提供安全合理的数据支持和保障。

二、 大数据的潜在风险

（一）信息造假和恶意传播消减社会信任

1. 信息造假及恶意传播

保证数据信息真实有效是大数据发展的首要条件，而数据信息的真实性直接影响着信息采集的真实性及后续大数据信息的使用和传播。实际生活中，确实存在信息造假的问题，主要有两方面的原因：一是有部分信息生产者为保护自身隐私或达到某种目的，生产虚假信息，甚至盗用他人信息进行虚假加工；二是信息采集员可能受到经济利益的诱导和他人的强加干扰，更改信息源，混淆信息源真伪。

大数据的发展，信息传播起到极大推动作用，信息传播速度越快，信息更新和使用越快，对各行各业发展乃至社会进步都有益处。正是由于信息传播有着速度快的特性，一旦出现恶意传播，后果不堪设想。众所周知，信息言论自由是公民的基本权利，但随着经济条件越来越好、国家越来越发达，公民的自主意识越来越强，个人随意性也越来越强。更有甚者在大数据这个网络虚拟平台不顾道德约束，随意或者肆意发表不实言论。例如，某些企业或者个人利用大数据技术的漏洞，谋取利益或者发泄私愤，采取极端方式在大数据网络平台上传播他人隐私、传播虚假信息。

2. 社会信任减弱

信息造假不仅会对信息资源造成浪费，最主要的是造成人与人之间的不信任，甚至破坏社会秩序，给社会诚信造成严重冲击。社会诚信是一种社会风气，是被社会和个人都广泛认可的诚实守信的规则和道德。一些虚假信息传播者无视社会公德，为了一己私欲，或者为了蹭热度，对社会关注的、影响大的数据进行捏造篡改，甚至加上自己不当言论再进行传播，形成网络暴力，给社会信任和传统道德都带来不利影响。同时，由于大数据信息传播速度特别快，公民辨别能力参差不齐，跟风传播或者篡改信息再度恶意传播。

此外，还有个别信息主体为了达到某种目的，将大数据信息修改为自己和公众期望的那样，给公众造成错误的引导。例如，公众了解高校毕业率或就业率的渠道往往是高校官方网站。如果公众看到某高校的毕业率和就业率很高，就会认为这所高校就业前景好，是报考的好选择。所以有些高校为了吸引更多人来校就读，通过大数据技术修改数据信息，如拓宽就业信息、过滤没能毕业的学生信息。再如，某些销售商家为了更好地销售自己的商品，花钱买好评和修改不良信息反馈，让消费者只能看到商品好的一面，从而误导消费者。事实上，大数据信息主体如何收集数据、分析数据、修改数据等是公众无法了解的，公众看到的就是展现出来的数据本身。所以小部分信息主体为了自身利益和目的，会利用大数据信息误导公众，这也会造成公众对社会的不信任。

（二）隐私窃取和泄露

大数据时代，由于不法分子会利用大数据技术的漏洞，使用非法手段窃取他人隐私，为自身谋取利益，损害他人隐私及经济利益。所以，个人信息安全在大数据时代显得更为重要。不法分子的通常做法是非法入侵大数据信息存储载体（如手机、电脑、网站还有各种注册个人信息的软件等），获取数据库信息后进行黑市交易或者造假再生产。

隐私泄露是指个人不愿意公开的、敏感的、重要的、涉及自身利益的、机密的信息没有经过信息主体授权或非信息主体意愿授权和运用不正当手段在信息主体无法掌控个人信息的情况下让他人知晓。隐私泄露表现在两个方面：一方面是泄露自己的隐私。有因缺乏自我保护意识，把个人信息随意告诉他人的，也有被迫泄露自己隐私的。例如，有些应用软件设置了读取使用者个人信息的功能，若使用者不同意读取个人信息，就不能使用该软件，而有一些使用者为享受软件带来的诸多便利，被迫泄露个人隐私。另一方面是泄露他人隐私。大数据时代是个信息共享的时代，每个公民除生产和推送个人信息给他人共享外，也能共享他人信息。由于大数据时代获取他人信息比报纸、广播电视等传统媒介容易，有人就会想方设法通过不正当手段获取他人隐私，往往信息生产主体对个人信息无法正常掌控，只能任由他人泄露。

（三）信息分配不公平导致数据权利不平等

1. 大数据时代信息分配不公平

由于国家各城市、区域的发展不会完全一致，各地各行业需求信息不同。从宏观角度来看，参与信息分配者会存在分配信息不公平的情况。如发达地区获取信息更快、更多，从而吸引更多的人口和产业参与，为了保证发达城市的稳定，信息分配者在分配信息时会有倾向性；偏远或相对贫穷地区获取信息较慢，分配的信息也越少。信息分配对地域是这样，对个人或群体也是如此。这导致有获取信息能力的能分配到更多的信息，没有获取信息能力的则分配到更少的信息，导致两极主体差距越来越大。

2. 信息主体差异化

在大数据发展过程中，信息主体生产信息、传播信息和使用信息等受到其文化涵养、接受教育程度、职业类型等的影响。第一，文化涵养和教育程度的差异，直接影响信息主体对信息源生产的真实性、对信息真伪的分辨、获取信息的途径及传播信息的价值观。同时，在大数据信息瞬息万变的情况下，不同的人会对大数据信息形成不同的看法、不同的理解，对信息利用形成不同的认知、持不同的态度。第二，个体职业拉大信息主体的差异。对信息资源的利用一般情况下取决于自身所处的信息环境，所以从事信息化职业或者与信息化产业联系密切的，接受信息化教育和知识越多，获取的信息量越快、信息捕获能力越强，如计算机工作人员、大数据技术操作员等。

3. 数据权利不平等

在大数据时代，信息分配不公平会导致部分大数据信息只属于某个人、某个团体、某个地区等，其他人员不能享有。大数据信息分配过程中突出了信息主体的职业、经济、性别等因素，并成为获取信息的决定要素，而这些要素又不是个人能够决定和控制的，这样直接导致公民获取信息不平等，也就是数据权利不平等。地区差异带来的信息分配不公平，让地区差异越来越大，地区文化和经济会形成自我保护，导致地区之间经济、文化差距更大。此外，这种不公平的信息分配还会造成信息垄断，让部分信息主体依法并合规拥有信息专属权。其中，信息垄断可以分为市场竞争中的信息垄断和非市场竞争中的信息垄断，信息分配不公平形成的是非市场竞争的信息垄断，会刺激甚至扰乱市场竞争中的信息垄断行为。整体来讲，信息分配不公平就是剥夺了部分主体获取信息的机会，让部分主体丧失了信息权利，会造成地域独立、团体对立、利益冲突等社会畸形问题，甚至影响社会稳定。

第三节　大数据发展战略

一、风险治理战略

（一）深化大数据理念，创新社会风险治理思维模式

要充分运用大数据思维提升我国社会风险治理水平，探索符合中国国情和中国道路的社会风险治理路径。当前，事前预防、局部改良和事后处理的方式已无法有效防范化解深层次、根本性的社会风险。但随着大数据技术的不断成熟，社会风险治理有了新的思维模式和处理方法。因此，要在社会风险治理过程中增强应用大数据技术的思维，充分发挥大数据功能优势，将大数据广泛应用到社会风险治理的全过程；要善于对复杂的社会风险进行数据化技术处理，增强运用大数据预测社会矛盾、判断社会风险的思维自觉和行动自觉。要深入推进社会风险防控理念创新，充分挖掘社会风险合作共治资源，全力实现社会风险网络化集中管理；要牢牢把握数据公开、资源共享、协同共治、成果共享的社会风险治理原则，用大数据思维分析社会风险产生和变化的本质规律，创新社会风险的评估、预警及防控方式。

（二）运用大数据挖掘技术，创新社会风险识别评估机制

随着大数据挖掘技术不断成熟，云计算能力持续提升，数据传输介质也快速革新，人们可以提早通过大数据在众多社会表象中寻找社会风险的产生根源，把握社会风险因素，分析其内在规律，进而模拟社会风险发展过程，最终得出社会风险产生的可能性和危害程度，实现社会风险的精准识别和科学评估。基于此，相关部门可以运用大数据对社会治安风险进行防控。例如，通过大数据挖掘，公安机关可以在较大范围内及时锁定行为异常的可疑人员，全面掌握其个人数据信息，实时监控其违法行动，实现对违法犯罪人员的精准定位；可以运用大数据技术建立违法犯罪人员动态管理数据库，对特殊群体、违法惯犯、犯罪嫌疑人进行关联分析，实行动态管理；可以运用大数据技术对治安事件高发地段加强巡逻检查和视频探头布控，动态调整警力部署；可以运用大数据技术建立智能化的应急指挥反应机制，实现社会治安隐患的及时预警、准确评估。此外，社会治理主体也可以运用大数据进行社会网络舆情风险防控。利用大数据技术在人们日常使用的互联网平台和 App 软件中提取相关数据，及时感应社会网络舆情风险源，实现全方位、全天候的社会网络舆

情数据采集、评估；通过大数据技术进行关联性分析，准确解读社会网络舆情风险动向，科学把握网民情感变化和价值取向，模拟社会网络舆情风险对现实世界的影响，科学评估舆情态势；还可以运用大数据技术对社会网络舆情风险进行全方位监测，及时将社会风险因素传输至分析中心，进而迅速反馈至各治理主体，强化治理行为的科学性和前瞻性。

（三）构建大数据共享平台，创新社会风险协同治理体系

为了使数据质量更高、交流更便捷、管理更有效、应用更安全，使社会风险更好地得到防范和化解，破除现有体制与专业分工造成的社会风险治理主体间的协作壁垒，促进多主体、多领域社会风险合作共治，利用大数据技术建立统一的社会风险数据共享平台显得尤为关键。但要注意的是，要以公开、透明、共享、协作、安全为原则，运用大数据技术对各类数据进行模式识别、深度挖掘，构建社会风险数据共享平台。同时，社会风险数据共享平台应该是国家大数据共享平台的一部分，人们可以通过平台对社会风险相关数据进行收集、存储、深度挖掘和统一处理，从而在海量数据中找到社会风险因素，分析社会风险产生的原因及发展规律，实行全过程监控，做到对社会风险的精准判断。

社会风险数据共享平台的构建，颠覆了传统侧重分工的社会风险治理模式，各主体可以依法依规公开共享数据，充分发挥自身优势，实现资源最大化利用和力量最大化凝聚。基于社会风险数据平台，根据社会风险数据本身的特点来精确分析问题，避免出现较多的主客观风险因素，破除政府、企业、个人之间的社会风险协同治理壁垒，推动政府、企业、个人之间的信息交流，使社会风险治理各主体在社会风险因素识别上更加迅速，社会风险治理沟通协作上更加高效，从而促使政府主导、公众参与、多元协同治理的新的社会风险治理体系建立成为可能。

（四）全面深化社会风险治理交流与合作

在高度全球化与现代化的今天，社会风险治理仅仅依靠部分群体、某个部门、个别国家是难以实现的。因此，在当代中国社会风险治理的过程中，需要统筹国际和国内两个重点，深化国家级顶层交流合作，构建人类命运共同体，实现数据产业合作共赢和社会风险高效共治。

1. 奋力抢夺大数据话语权

科学运用大数据推动经济发展、优化社会治理在国际上已形成共识，这就要求我们要深刻把握大数据发展规律，进一步完善相关政策措施，紧盯全球尖端科技产品和前沿科技信息，全力打造我国的大数据特色品牌。具体而言，要在国际合作框架内强力开拓市场，

持续开展大数据招商推介，引进国际级数据资源入驻，吸引大数据跨国企业、外资项目、技术产品落户，推动国际间大数据技术产业和应用的深度合作；要借鉴其他国家先进发展经验，建设大数据国际合作公共服务平台，注重与其他国家在大数据领域的交流与合作。

现阶段，中国国际大数据产业博览会、中国国际数字经济博览会的成功举办，为全球大数据专业人才提供了交流平台，为大数据企业创造了合作机会。因此，在未来我国要继续开办国际化、高端化、专业化的论坛、会议，充分发挥其招商引“智”的功能与作用，积极邀请外国政府、企业、协会、专家等前来参会，充分交流新观点、新理念；要强化国际间高校合作，建设国际化人才培育平台，鼓励和吸引国际一流高层次人才回国就业创业，多措并举实现大数据人才引进和培养国际化。

2. 深入推进构建人类命运共同体

当前，全球治理体系和国际秩序深刻变革，人类发展面临重大挑战，世界发展存在不稳定性和不确定性，经济危机、网络安全、重大传染性疾病以及气候变化等全球性风险广泛存在，国际社会逐步成为一个你中有我、我中有你的命运共同体。面对全球性风险，各个民族和国家必须将自身发展同世界发展相统一，在国与国关系中寻找最大公约数，全力实现人类和谐共存的美好愿望。

基于此，我们要不断强化大数据在防范化解国际政治、经济、文化、生态风险中的重要作用。在社会风险治理中牢固树立国家间平等、合作、共赢的理念，尊重各国在社会风险治理中的政治平等，维护国际公平正义，用平等协商化解分歧，靠多边对话解决争端，以合作共治应对重大风险。在世界贸易组织规则框架内进行数字经济交流，不断改善国际经济市场环境，推动“一带一路”国际合作，构建国际数字经济合作平台，严格大数据贸易国际秩序，形成体系完善、制度健全、设施共享、贸易畅通、风险可控及民心相连的开放型世界数字经济新格局。尊重世界各民族风俗习惯的差异性和世界文明的多样性，在国际舞台上展示包含中国历史底蕴、中国道德水准、中国发展自信的新时代中国文化，使中国文化成为社会风险治理国际交流合作的强大载体。在环境治理中充分发挥大数据作用，根据相关数据结论，淘汰高能耗、高污染行业落后生产设备，有效应对工业污染，努力建设环境友好型社会，推动气候变化等一系列全球性风险合作共治。在国际上提倡社会风险“谁制造，谁治理”的基本原则，支持联合国等国际组织发挥正面作用，深度参与地区热点问题解决和全球性风险治理，探索运用大数据构建风险补偿机制，合理界定风险责任，倡导各国切实履行治理责任，携手应对全球性治理难题，为创造人类美好未来而不懈努力。

二、 信息安全战略

（一）加强技术保障

1. 确保信息基础设施安全

大数据存储、流动与全球网络空间、互联网基础设施的安全将直接影响国家大数据安全。国家关键信息基础设施安全事关国家政治、经济的平稳发展和国家安全，保护关键信息基础设施是国家大数据安全最为基本也是最优先考虑的目标，处于国家大数据安全的核心地位。因此，各国要加强自身的互联网基础设施建设，提升维护基础设施安全的技术水平，维护各自的互联网基础设施安全，从而维护国家大数据安全。

重视国家关键信息基础设施建设，追求自主创新。当前，我国在关键信息基础设施建设和发展上还存在短板，关键基础设施对外依赖较大，导致互联网发展受制于人。因此，要加强云计算和大数据技术的研发升级，提高自身科技创新水平，摆脱关键技术受制于人的困境。网络硬件、软件、服务与协议规则等互联网产业的关键部分必须坚持自主创新，加强对国家大数据安全的保护。另外，可以设立专门的大数据基础设施安全保障机构，对关键基础设施进行保护与及时维修，在遇到突发状况时能快速实施应对措施，以减少损失。

2. 提高国家大数据安全技术主导权

在大数据安全技术方面，我国应该重点突破核心技术瓶颈，强化国家大数据安全防护能力。首先，构建新型数据保护技术平台，加大自主创新力度，突破存储设备、服务器等关键设备，操作系统、数据库等基础软件的核心关键技术；其次，加大数据加密、防病毒、关键数据审计与流动追溯等数据安全核心技术的研发力度并推动产业应用；最后，研发能对窃取或监听国家大数据行为进行拦截和溯源的安全技术产品，提高大数据分析技术水平，对危害国家大数据安全的事件进行预测与预防。

（二）提升观念意识

1. 树立大数据思维

要学会用大数据思维解决安全问题。大数据思维是对大数据及其影响下的人类社会生产和生活方式进行重新审视的思维方式，它是人类社会在进入大数据时代后，基于大数据对人类社会的影响而产生的新的思维方式。大数据思维的树立可以使人通过对大数据的挖掘发现事物之间的相关性，从而帮助人们“捕捉”现在和预测未来。这表明将大数据思维运用于国

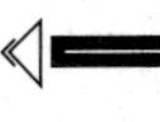

家安全维护，能够帮助相关部门看到之前不曾注意到的联系，掌握之前无法理解的复杂技术和社会动态，为国家安全的维护提供更好的视角，从而更加精准地维护国家安全。

2. 强化总体国家安全观

总体国家安全观的强化是国家大数据安全维护的重要环节。个人和企业都在国家大数据安全维护中扮演着重要角色，互联网的全球互通使得大数据安全并不是孤立的，即大数据的安全问题往往“牵一发而动全身”。所以要强化数据产生者、处理者、使用者的总体国家安全观，强调国家大数据安全的重要性，树立时刻维护国家大数据安全的意识。

有效应对国家大数据安全威胁，已成为保障国家社会稳定、经济繁荣的基础，也是国家网络安全保障体系的重要组成，维护国家大数据安全应当贯彻国家安全法有关规定，坚持总体国家安全观。事实上，国家大数据安全是一项系统工程，需要经济发展与安全管理并重，积极发挥政府机关、行业主管部门、组织和企业、个人等多元主体的作用，依据相关法律法规的要求，共同参与我国网络与信息安全保障体系建设工作，做到知法守法，认真履行有关数据安全风险控制的义务和职责，增强数据安全可控意识，共同维护国家安全秩序。

第一，在国家层面，政府要完善相关法律法规，加强监督管理。为应对国家安全新形势，国家层面有关主管部门要深入贯彻总体国家安全观，依据相关法律法规，健全有关国家安全政策，防范化解数据安全风险，保障国家政权主权安全、社会稳定、经济繁荣。此外，要加大宣传力度，普及维护国家大数据安全教育，不仅要让公民树立维护国家大数据安全的意识，更要促使公民学会最基本的维护国家大数据安全的技术与能力。

第二，在企业层面，网络运营者要依法行事，增强安全责任感。网络运营者要加强大数据技术的创新与研发，加强大数据生命周期的安全保障，重视重要数据的安全管理，具备良好的职业道德，遵纪守法，不做危害国家安全的行为，维护国家大数据安全。

第三，在个人层面，互联网用户要加强学习，强化国家大数据安全风险意识。个人用户在享受网络产品和服务便利功能的同时，也要加强学习，提高法律认识，强化国家大数据安全风险意识，知晓法律规定的公民应享有的权益与义务。

在网络空间命运共同体中，每个公民都是其中的一分子，因而每个公民都要从自身做起，共同维护国家大数据安全。

3. 提高国际社会大数据公共安全的认同

大数据安全是共同的而不是孤立的。目前，数据的跨境流动与互联网的互联互通使维护国家大数据安全不再局限于一国之内。

从国际层面看，要实现大数据公共安全的认同存在一定困难。现实世界中，不同的行为体将自身的利益作为行动的出发点，其存在发展水平的差异，以及对安全理解的不同，这些都导致彼此间缺少互信，使得国家大数据安全的维护出现困境。在全球化背景下，各国之间的相互依赖逐渐加深，世界上许多问题都超越国界，安全问题也具有跨国性质，单个国家在全球化背景下无法“独善其身”，如国际生态问题、网络病毒以及黑客攻击等安全问题的产生与解决已经不是一国范围内的事，而是整个国际社会都面临的难题。同样，大数据也具有公共安全的性质，大数据安全已经跨越了物理疆界。

从现实来看，提高国际社会大数据公共安全的认同，维护国家大数据安全，要坚持求同存异的原则，以认同数据主权为前提，推动国家间的政治互动与互信。有关大数据主权的认同是国家间展开合作的前提和基础，在共同维护大数据安全的意愿下，在认同大数据主权的前提下，允许各国在维护大数据安全的方式上存在差异。此外，还可以通过建立合作小组、搭建信息交流机制、举办安全演习及开展技术交流等，推动国家间有关大数据安全治理的合作与交流，促进合作进程的加速、意愿的深化及目的的达成。

从国内层面看，维护国家大数据安全的主体是政府，个人和企业对国家大数据安全维护存在意识淡薄、技术水平低等问题。实现公共数据的互联共享，能够充分调动个人和企业维护国家大数据安全的积极性，激发创新活力，从而更好地维护国家大数据安全。

总之，中国要尽快建设信息资源开放与共享平台，不仅让大数据服务于国家经济发展、社会进步与国家安全维护，还要让更多的群体享受大数据发展带来的红利。

（三）完善机制建设

1. 推动完善大数据权属法律法规

大数据的跨境流动对于促进科技进步、经济发展以及维护数据安全具有重要意义，但也存在一定问题：一方面，我国国内对大数据的权属规定较为模糊，不仅要完善并细化相关法律法规，还要设立相应的机构，将国家大数据安全的维护落到实处；另一方面，关于跨境数据主权问题，国际法上关于大数据主权的相关立法不够完善，许多国家对大数据主权概念不够认同，国内外学者一直存在争议，大数据跨境流动法律法规的完善与健全对维护国家大数据安全具有重要意义。因此，要积极推动国际和国内对跨境流动数据主权问题进行立法规范。

在国内层面，我国的大数据保护政策框架已经基本形成，但是对监管的范围、内容、对象等具体规定还需要进一步细化。目前，我国亟须出台专门的大数据保护政策或法律，详细界定数据主体的权利与义务，明确划分数据保护对象和范围，依法处置危害国家大数据安全违法行为。同时，要设立专门机构，履行保护国家大数据安全的职责。

在国际层面，要推动国际社会关于大数据主权法律法规的制定与完善，积极推动国际社会建立大数据安全保护统一标准。一方面，我国要积极倡导国际社会制定统一的大数据保护标准，推动大数据主权相关法律法规的制定，从而制止并制裁对跨境数据的非法收集和窃取行为；另一方面，我国可以推动数据跨境流动的国际协议的达成。由于各国以各自的国家利益作为政策、法规制定的出发点，所以各国关于跨境数据的规定存在差异甚至冲突，这非常不利于国家大数据安全的维护，尤其是涉及跨境数据的事件时更是如此。基于此，中国可以通过推动跨境流动国际协议的达成，推动当事国之间就大数据安全的维护展开合作。

2. 推动建设大数据安全维护平台，实现交流与合作

大数据作为网络及网络空间发展的产物，亟须治理规则和行为规范，对此可从以下两个方面着手：

第一，利用现有的平台实现大数据安全维护的合作交流。例如，主张并支持在联合国的领导下构建全球大数据安全治理新规则和新秩序，力求通过新的治理规则和秩序规范各国大数据安全标准，促进国家间开展安全合作，推动全球网络大数据安全发展。与此同时，我国政府也要配合联合国的工作，积极推动命运共同体的构架。

第二，搭建全新、专门的合作平台，为维护大数据安全服务。搭建国际大数据交流与合作平台指成立有大国参加的、双边或多边的、常态化的国际组织或机构。然而，现有的国际大数据交流平台缺少大国的参与，并未形成常态化的会议模式，我们仍须积极推进国际大数据安全平台构建。如国际数据管理协会（NAMA），它是一个由全球性数据管理和业务专业志愿人士组成的非营利协会，致力于数据管理的研究、实践及相关知识体系的建设，在数据管理领域累积了丰富的经验，但因没有大国参与，其维护大数据安全的影响力有限。

3. 实现维护国家大数据安全的有限共享合作，建立共享数据库

国家大数据安全的维护不仅需要我国政府的努力，还需要企业和他国的共同努力。实现大数据的有限共享合作，可以为国家大数据的维护提供更多的便利与智力支持。然而，数据共享的合法化仍是存在巨大争议的话题，具体包括从“数据所有权”到“个人信息权”的确权定性，再到数据主体、数据控制者、数据处理者各自对于数据拥有何种权利，以及数据如何进行合法交易、转让等。出于利益的考量，各国政府和企业不愿意开放数据。

对此，一方面可以通过政府牵线，建立共享数据库，并规定可以进行共享、脱敏的数据，引导有关企业在相关领域分享数据，企业的活力与创新在一定程度上可以增强维护国家大数据安全的实力，也有利于学者进行相关研究，此外，产业界和学术界可通过对共享

数据库中的数据进行挖掘得出信息用于再生产；另一方面，可以通过联合国等国际平台，逐渐引导相关行为体参与国家大数据安全的维护，实现彼此间的数据共享，力求精准打击跨国犯罪，预测和预防国际安全事件发生，维护国际社会公共安全。

三、 大数据强国战略

要充分发挥我国大数据资源和技术优势，稳步实施大数据强国战略，推动大数据技术产业创新，全面推进数字经济高质量发展，探索运用大数据保障和改善民生。切实保障国家数据安全，提升国家治理能力和水平，在国际竞争中赢得主动。

（一）设置政府大数据机构

设置政府大数据机构可以更好地推动中央与地方、部门与部门之间政务数据的互通共享，国家政务数据与社会数据的汇聚融合，从而奠定更为坚实的数据治理基础，激发更加多元的应用融合创新，形成自上而下、左右贯通的大数据发展合力。这对统一元数据定义、提高数据质量、促进数据资源整合、挖掘数据价值、释放数据红利，以及推动数字中国建设有着重要的积极作用。

（二）推动数据资源开放

获取数据、拥有数据才能有效应用数据，只有实现数据的依法开放才能实现多主体参与，更深层次挖掘数据价值。从一定程度上说，数据资源的开放不仅维护了广大公民的知情权，更使数据这个新时代的宝贵资源充分涌流，用以催生创新，激发变革，从而推动国家经济社会高质量发展。因此，要积极开放政府数据资源，拓展数据信息平台的使用覆盖面，延伸政府有关部门、企业和其他主体间数据共享的深度和广度，实现数据信息的高效传递和利用。同时，还可以积极开放一般性学术研究数据和社会公共服务数据，使海量数据从实验室中走出来，走向市场，用以提高生产效率，推进制度创新、科技创新和产业创新。为了避免公开的数据对个人隐私、社会稳定和国家安全造成影响，可以在数据公开前设置把关程序，由主管部门对数据风险因素进行系统评估，之后做出开放与否和方式选取的最终裁决。

（三）注重大数据人才培养

大数据是包含数学、统计学、计算机科学与技术、社会学及经济学等多学科交叉融合的交叉学科。这就要求大数据人才不仅要具备较强的哲学、数学、统计学、社会学以及经济学基础，还应该有全面的数据思维和数据收集、挖掘、分析能力。因此，必须要健全符合大数据特点的理论体系，完善大数据人才培养机制，逐步在高校单设大数据学科，组织不同学术领域的教师进行集中授课，实现教育资源整合；要制订大数据人才个性化培养方案，实行多元化教育，突出培养重点，实现因材施教；要整合高校、企业、专业培训机构的大数据培训资源，坚持“数据开放，市场主导”的原则，采取“送出去，请进来”、理论学习与社会实践相结合的方式，分层次、分领域定向培养大数据专业人才，促进大数据产学研的深度融合，实现政府、企业、高校数据人才互联互通、优势互补。

（四）实现大数据技术创新

实现大数据技术创新，一是要积极谋划一批国家大数据科技创新项目，整合产学研各方资源优势，推动大数据基础架构、采集存储、处理分析及安全保障等核心技术攻坚；二是要全力推动大数据科研成果产业化，组织各领域优秀人才开展跨学科、跨领域的理论研讨和技术研究，凝聚各方力量；三是要稳步加快国家大数据综合试验区、产业集聚区和新型工业化示范基地建设，奖励并激励大数据基础平台产品、数据分析工具、大数据开源软件的自主研发，不断提升语音识别、图像分析、数据甄别及数据挖掘等人工智能核心技术水平；四是要加大政策扶持力度，发挥我国社会主体制度和市场优势，支持发展大数据民间组织，鼓励小微企业进行大数据技术和应用开发，定期举办大数据产业高峰论坛、商业博览和赛事活动，充分激发民间的创新力量。

（五）促进大数据产业发展

大数据产业发展的促进主要有以下几种途径：一是要推动大数据成为改变人类生活、引领科技创新、推动产业转型、优化城市治理的新驱动，围绕中央重大战略部署，高水平、高标准建设一批互联网平台、大数据中心和大数据应用示范基地，培育产业发展新模式、新业态，促进大数据产品研发市场化、产业化；二是要加快数据基础设施建设，统筹政务数据和社会数据资源，完善其他领域信息资源补充，着力构建互联互通、安全高效的数据应用空间；三是要逐步推动大数据技术在科学计算、高科技产品研发、治理体系优化等领域的广泛应用，促进大数据与经济、文化、教育和卫生等领域的深度融合，切实推进数字经济和实体经济信息化融合发展，系统推进互联网基础设施和数据资源管理体系建设，不断延伸大数据产业链条；四是要建设大数据技术与产业公共服务平台，支持第三方机构开展大数据专业服务，完善公共服务支撑体系，稳步拓展市场发展空间，构建自主可控的大数据产业链、价值链和生态系统。要将大数据应用到社会保障和改善民生等领域，始终坚持以人民为中心的发展思想，深入推进大数据在就业、社保、住房、交通、脱贫攻坚以及环境保护等领域的应用。

第三章　计算机信息安全与网络技术

第一节　计算机信息安全基本对策

一、　信息安全基本概念

（一）信息的定义

要了解信息安全，首先要了解什么叫信息。信息是一种以特殊的物质形态存在的实体。信息的定义有很多种，但具有最大普遍性的定义为：事物运动的状态和状态变化的方式。

信息不同于消息，消息是信息的外壳，信息则是消息的内核。信息不同于信号，信号是信息的载体，信息则是信号所载荷的内容。信息不同于数据，数据是记录信息的一种形式，同样的信息也可以用文字或图像来表述。当然，在计算机里，所有的多媒体文件都是用数据表示的，计算机和网络上信息的传递都是以数据的形式进行，此时信息等同于数据。

信息最基本的特征是信息来源于物质，又不是物质本身；它从物质的运动中产生出来，又可以脱离源物质而寄生于媒体物质，相对独立地存在。信息是具体的，并且可以被人（生物、机器等）所感知、提取、识别，可以被传递、储存、变换、处理、显示检索和利用。信息的基本功能在于维持和强化世界的有序性，维系着社会的生存，促进人类文明的进步和人类自身的发展。

（二）信息安全及其基本特征

信息安全是一个广泛而抽象的概念。所谓信息安全就是关注信息本身的安全，而不管是否应用了计算机作为信息处理的手段。信息安全的任务是保护信息财产，以防止偶然的或未授权者对信息的恶意泄露、修改和破坏，从而导致信息的不可靠或无法处理等。这样可以使得我们在最大限度地利用信息的同时而不招致损失或使损失最小。

信息安全是一门新兴学科，关于信息安全化的具体特征的标志尚无统一的界定标准。但在现阶段对信息安全化至少应具有机密性保证、完整性保证、可用性保证和可控性保证四个基本特征，却具有广泛的认同。

第一，机密性保证。机密性保证是指保证信息不泄露给非授权的用户、实体的过程，或供其利用的特性。换言之，就是保证只有授权用户可以访问和使用数据，而限制其他人对数据进行访问或使用。数据机密性在商业、军事领域具有特别重要的意义。如果一个公司的商业计划和财政机密被竞争者获得，那么该公司就会有极大麻烦。根据不同的安全要求和等级，一般将数据分成敏感型、机密型、私有型和公用型等几种类型，管理员常对这些数据的访问加以不同的访问控制。保证数据机密性的另一个易被人们忽视的环节是管理者的安全意识。一个有经验的黑客可能会通过收买或欺骗某个职员，而获得机密数据，这是一种常见的攻击方式，在信息安全领域称之为社会工程。

第二，完整性保证。完整性是指数据未经授权不能进行任何改变的特性。完整性保证即是保证信息在存储或传输过程中不被修改、不被破坏和不丢失的特性。完整性保证的目的就是保证在计算机系统中的数据和信息处于一种完整和未受损害的状态，也就是说数据不会因有意或无意的事件而被改变或丢失。数据完整性的丧失将直接影响到数据的可用性。

第三，可用性。可用性是指数据可被授权实体访问并按需求使用的特性，即当需要时能否存取和访问所需的信息。

保证可用性的最有效的方法是提供一个具有普适安全服务的安全网络环境。通过使用访问控制阻止未授权资源访问，利用完整性和保密性服务来防止可用性攻击。访问控制、完整性和保密性成为协助支持可用性安全服务的机制。

第四，可控性。对信息的传播及内容具有控制能力。

（三）信息安全问题产生的原因

1. 信息和网络已成为现代社会的重要基础

当今世界正步入信息化、数字化时代，信息无所不在、无处不有。国与国之间变得“近在咫尺”。计算机通信网络在政治、军事、金融、商业、交通、电信等各行各业中的作用日益增大。在某种意义上，信息就是时间、财富、生命，就是生产力。

随着全球信息基础设施和各个国家的信息基础的逐渐形成，社会对计算机网络的依赖日益增强。为此，人们不得不建立各种各样的信息系统来管理各种机密信息和各种有形、无形财富。但是这些信息系统都是基于计算机网络来传输和处理信息，实现其相互间的联系、管理和控制的。如各种电子商务、电子现金、数字货币、网络银行，乃至国家的经济、文化、军事和社会生活等方方面面，都日趋强烈地依赖网络这个载体。可见，信息和网络已成为现代社会的重要基础，以开放性、共享性和无限互联为特征的网络技术正在改变着人们传统的工作方式和生活方式，也正在成为当今社会发展的一个新的主题和标志。

2. 信息安全与网络犯罪危害日趋严重

事物总是辩证统一的。信息与网络科技进步在造福人类的同时，也给人们带来了新的问题和潜在危害。

在网络开发之初，由于人们考虑的是系统的开放性和资源共享的问题，忽视了信息与网络技术对安全的需要，结果导致网络技术先天不足——本质安全性非常脆弱，极易受到黑客的攻击或有组织的群体的入侵。可以说，开放性和资源共享性是网络安全问题的主要根源。与此同时，系统内部人员的不规范使用或恶意行为，也是导致网络系统和信息资源遭到破坏的重要因素。

二、 计算机信息安全的威胁和对策

（一）信息安全面临的威胁

信息安全威胁就是指某个人、物、事件或概念对信息资源的保密性、完整性、可用性或合法使用所造成的危险。

对于信息系统来说威胁可以是针对物理环境、通信链路、网络系统、操作系统、应用系统以及管理系统等方面。

1. 物理安全威胁。物理安全威胁是指对系统所用设备的威胁。物理安全是信息系统安全的最重要方面。物理安全的威胁主要有自然灾害（如地震、水灾、火灾等）造成整个系统毁灭，电源故障造成设备断电以致操作系统引导失败或数据库信息丢失，设备被盗、被毁造成数据丢失或信息泄露。

2. 通信链路安全威胁。网络入侵者可能在传输线路上安装窃听装置，窃取网上传输的信号，再通过一些技术手段读出数据信息，造成信息泄露；或对通信链路进行干扰，破坏数据的完整性。

3. 网络安全威胁。计算机网络的使用对数据造成了新的安全威胁，由于在网络上存在着电子窃听，分布式计算机的特征使各分立的计算机通过一些媒介相互通信。如果系统内部局域网络与系统外部网络之间不采取一定的安全防护措施，内部网络容易受到来自外部网络入侵者的攻击。例如，攻击者可以通过网络监听等先进手段获得内部网络用户的用户名、口令等信息，进而假冒内部合法用户进行非法登录，窃取内部网重要信息。

4. 应用系统安全威胁。应用系统安全威胁是指对于网络服务或用户业务系统安全的威胁。应用系统对应用安全的需求应有足够的保障能力。应用系统安全也受到“木马”和“陷阱门”的威胁。

5. 管理系统安全威胁。不管是什么样的网络系统都离不开人的管理，必须从人员管理上杜绝安全漏洞。再先进的安全技术也不可能完全防范由于人员不慎造成的信息泄露，管理安全是信息安全有效的前提。

⑥操作系统安全威胁。操作系统是信息系统的工作平台，其功能和性能必须绝对可靠。由于系统的复杂性，不存在绝对安全的系统平台。对系统平台最危险的威胁是在系统软件或硬件芯片中的植入威胁，如“木马”和“陷阱门”操作系统的安全漏洞通常是由操作系统开发者有意设置的，这样他们就能在用户失去了对系统的所有访问权时仍能进入系统。

（二）信息安全策略

信息安全策略就是一个组织要实现的安全目标和实现这些安全目标途径的一组规则的总称，它是该组织关于信息安全的基本指导原则。其目标在于减少信息安全事故的发生，将信息安全事故的影响与损失降低到最低。

1. 信息安全策略的内容

信息安全策略也叫信息安全方针，它是有关信息安全的行为规范。信息安全策略主要具有下列几个方面的内容：

（1）适用范围指明了信息安全策略作用的对象、作用的起止时间等。以统一思想，消除误会，调动全员积极性。

（2）目标能够明确信息安全保护对组织的重要意义，而不是毫无意义和不必要的；是与国家法律相一致的，是受法律保护的。

（3）策略主体。策略主体是信息安全策略的核心。它提供足够的信息，保证相关人员仅通过策略自身就可以判断哪些策略内容是和自己的工作环境相关的，是适用于哪些信息资产和处理过程的。

（4）策略签署。策略的签署应该是高级的，表明信息安全是和整个组织所有成员都密切相关的事情；表明信息安全策略是强制性的、惩罚性的。

（5）策略的生效时间和有效期。旧策略的更新和过时策略的废除是很重要的，生效的策略中应该包含新的安全要求。

（6）与其他相关策略的引用关系。因为多种策略可能相互关联，引用关系可以描述策略的层次结构，而且在策略修改的时候经常涉及相关策略的修改，清楚的引用关系也可以节省查找时间。

（7）策略解释可以有效地避免因工作环境不同、知识背景不同、措辞等原因可能导致的误解、歧义，以使得信息安全策略能高效地执行。

2. 信息安全策略的基本特征

信息安全策略具有下列的基本特征。

（1）指导性。信息安全策略是组织关于信息安全的基本指导原则，描述的是组织保证信息安全途径的指导性文件，对于整个组织的信息安全工作起到全局性的指导作用。

（2）原则性。信息安全策略原则性体现在不涉及具体的信息安全技术细节，而是只给出信息安全的目标，为实现这个目标提供一个全局性的框架结构。

（3）可行性。信息安全策略告诉组织成员什么是必须做的和不能做的，必须立足于现实技术条件之上，因此，信息安全策略既要符合现实业务状态，又要能包容未来一段时间内的业务发展要求，以保证业务的连续性。

（4）可审核性。信息安全策略的可审核性是指能够对组织内各个部门信息安全策略的遵守程度给出评价，使得能够对信息安全事件进行追溯。

（5）动态性。信息安全策略是信息安全的行为规范，它立足于当前情况。随着信息安全技术的发展，信息安全策略也应该不断发展，早期的控制策略很可能不适应现在的技术环境，所以信息安全策略必须注明有效期，以避免混乱。

（6）文档化。信息安全策略必须制定成清晰和完全的文档描述。如果一个组织没有书面的信息安全策略，就无法定义和委派信息安全责任，无法保证所执行的信息安全控制的一致性，信息安全控制的执行也无法审核。

3. 信息安全策略的种类

一个组织在建立自己的信息安全体系的过程中可以根据需要制定自己的信息安全策略，信息安全策略大致可以分为下列几种：

（1）信息加密策略。信息加密由加密算法来具体实施，阐述组织对内部使用的加密算法的要求。

（2）设备使用策略。主要阐述组织内部计算机设备使用、计算机服务使用和对所属人员的信息安全要求。

（3）电子邮件使用策略。主要阐述组织关于电子邮件的接收、转发、存放和使用的要求。

（4）采购与评价策略。主要阐述组织设备采购规程和采购设备评价的要求。

（5）口令防护策略。主要阐述组织关于建立、保护和改变口令的要求。

（6）信息分类和保密策略。主要阐述组织的信息分类和各类信息的安全要素。

（7）服务器安全策略。主要阐述组织内部服务器的最低安全配置要求。

（8）数据库安全策略。主要阐述数据库数据存储、检索、更新等安全要求。

（9）应用服务提供策略。主要阐述应用服务提供商必须执行的最低信息安全标准，达到这个标准后该服务提供商的服务才能考虑在该组织的项目中使用。

（10）防病毒策略。防病毒策略主要阐述组织内所有计算机的病毒检测和预防的要求，明确在哪些环节必须进行计算机病毒检测。

（11）审计策略。主要阐述组织信息安全审计要求，如审计小组的组成、权限、事故调查、信息安全风险分析、信息安全策略符合程度评价、对用户和系统活动进行监控等活动的要求。

（12）Internet 接入策略。主要阐述组织对接入 Internet 的计算机设备及其操作的安全要求。

（13）第三方网络连接。主要阐述与第三方组织网络连接时的安全要求，包括标准要求、法律要求和合同要求。

（14）线路连接策略。主要阐述诸如传真发送和接收、模拟线路与计算机连接、拨号连接和网络等方面的安全要求。

（15）非军事区安全策略。主要阐述位于组织非军事区域的设备和网络的信息安全要求。

（16）内部实验室安全策略。主要阐述组织内部实验室的信息安全要求，保证组织的保密信息和技术的安全，保证实验室活动不影响产品服务的安全和企业利益。

（17）远程访问策略。主要阐述从组织外部的主机或者网络连接到组织的网络进行外部访问的安全要求。

（18）路由器安全策略。主要阐述组织内部路由器和交换机的最低按群配置要求。

（19）VPN 安全策略。主要阐述组织使用 VPN 接入的安全要求。

（20）无线通信策略。主要阐述组织无线系统接入的安全要求。

（21）安全管理策略。主要阐述组织建设和制度建设的要求。

（三）信息安全服务

信息安全服务是指适应整个安全管理的需要，为企业、政府提供全面或部分信息安全解决方案的服务。信息安全服务提供包含从高端的全面安全体系到细节的技术解决措施。安全服务可以对系统漏洞和网络缺陷进行有效弥补，可以在系统的设计、实施、测试、运行、维护以及培训活动的各个阶段进行。

针对网络系统受到的威胁，OSI 安全体系结构提出了五大类安全服务。五类安全服务包括认证（鉴别）服务、访问控制服务、数据保密性服务、数据完整性服务和抗否认性服务。

（四）安全机制

OSI 安全体系结构采用的安全机制主要有 8 种，即加密机制、数字签名机制、访问控制机制、数据完整性机制、认证机制、信息流填充机制、路由控制机制、仲裁机制。这里只对其中的几种选择性地进行介绍：

1. 加密机制。加密机制是确保数据安全性的基本方法，在 OSI 安全体系结构中应根据加密所在的层次及加密对象的不同，而采用不同的加密方法。信息加密与解密的理论基础是信息论。加密机制是信息安全中最基础、最核心的机制，它能够保证信息的机密性。加密强度取决于密码算法和密钥，密钥要求严格保密。

2. 访问控制机制。访问控制机制是从计算机系统的处理能力方面对信息提供保护。访问控制包括主体、客体和控制策略三个要素。主体是指一个提出请求或要求的实体，是动作的发起者。主体可以是用户本身，也可以是进程、内存或程序。客体是接受其他实体访问的被动实体，客体可以是信息、文件、记录等，也可以是硬件或终端。控制策略是主体对客体的操作行为和约束条件的总和，它体现了一种授权行为或者称为主体的权限。访问控制规定所有的主体行为遵守控制策略。

3. 数据完整性机制。数据完整性的内涵一个是数据单元或域的完整性。破坏数据完整性的因素很多，比如信道传输干扰、非法入侵者的篡改、病毒的破坏等。因此，数据完整性机制是指用于保证数据流的完整性的机制，可以通过加密实现数据完整性。

4. 信息流填充机制。信息流填充机制提供对流量分析的多级保护，其适用于保密性服务保护的流量填充。通常是由保密装置在线路无信息传输时，连续地发出伪随机数序列的信息，使入侵者不知道哪些信息是有用的、哪些是无用的。该机制对抗的是流量分析攻击，流量分析攻击是指攻击者通过对网络上的某一特定路径的信息流量和流向进行分析，从而判断事件的发生。信息流填充机制能有效地挫败信息流分析攻击。

第二节　计算机网络信息安全技术

一、信息加密技术

随着信息化和数字化社会的发展，人们对信息安全和保密的重要性认识不断提高，为了保证数据的安全性、完整性，同时对数据进行身份验证，不断有更加高效和安全的加密算法涌现出来。

（一）常见加密算法简介

根据密钥类型不同，现代密码技术可以分为两类：第一类是对称加密算法，另外一类是非对称加密算法。

1. 对称加密

对称钥匙加密系统是加密和解密均采用同一把秘密钥匙，而且加解密双方都必须获得这把钥匙，并保持钥匙的安全性。但是密钥的传输就是一个重要问题，如果它被截取，那么采用这个密钥加密的重要信息的安全性将会大大降低。对称加密算法主要有 DES（及其变形 3DES）、AES、JDEA 等。

（1）DES。DES 采用传统的换位和置换的方法进行加密，但随着计算机技术的发展和攻击者技术的提高，DES 已经变得不那么安全。

（2）AES。AES 比 DES 的安全性要高很多，它的密钥长度分为 128、192 和 2562bit 三种级别。

（3）IDEA。IDEA 是一种分组加密算法，加密的明文为 64 位，密钥长度是 128 位，该算法在硬件和软件上均可高速进行加解密。

2. 非对称加密

非对称密钥加密系统采用的加密钥匙（公钥）和解密钥匙（私钥）是不同的。非对称加密在加密的过程中双方使用一对密钥，而不只使用一个单独的密钥。一对密钥中一个用于加密，另一个用来解密，这样就很好地控制了密钥传递过程中的安全性问题。

但是非对称加密的一个缺点，就是其加密的速度非常慢，对大量数据进行加密将消耗很多计算资源或时间，而对称加密相比较而言速度就快很多。

非对称加密算法有以下三类：整数因子分解系统（如 RSA）、离散对数系统（如 DSA）、椭圆曲线离散对数系统（如 ECC）。

（1）RSA 算法。RSA 的安全性基于数论中大整数的素数分解难题。RSA 算法的主要优点在于原理简单、易于使用。目前一般认为 RSA 需要 1024 比特以上才有安全保障，这导致了加解密速度大为降低，硬件的实现也变得越来越困难，这对 RSA 的应用带来了很大的影响。

（2）DSA 算法。DSA 是基于整数有限域离散对数难题的，其安全性与 RSA 相比差不多。DSA 的一个重要特点是两个素数公开，这样，当使用别人的 p 和 q 时，即使不知道私钥，你也能确认它们是否是随机产生的，还是做了手脚。

（3）ECC 算法。椭圆曲线密码算法 ECC 是安全性更高、算法实现性能更好的一种公钥系统，它的安全性是基于离散对数的计算困难性。ECC 与 RSA、DSA 相比的优点主要表现在安全性更高、计算量小、存储空间占用小和带宽要求低等多个方面。

3. Hash 算法（摘要算法）

这里不得不提的还有摘要算法，它一般和各种加密算法配合使用来保证数据的一致性，常见的 Hash 算法有 MD2、MD4、MD5、HAVAL、SHA 等。

Hash 算法的特别之处是它是一种单向算法，可以通过 Hash 算法目标信息生成一段特定长度的唯一的 Hash 值，相反地却不能通过这个值重新获得目标信息，因此它常用在不可还原的密码存储、信息完整性校验等场景。

（二）应用分析

加密技术的主要应用场景是针对数据加密，保证数据的安全性，但是从实际应用角度来讲，它有以下几个应用方面。

1. 信息加密

信息发送者将数据加密发送，接收者将数据解密还原，任何获取密文的人在没有解密密钥的前提下无法对密文进行解密或解密代价过高（时间过长），从而实现信息加密的目的，针对信息加密，对称加密和非对称加密都可以采用。

2. 登录认证

客户端需要将认证标识传送给服务器，由于此认证标识（可能是一个随机数）可以被其他客户端知道，因此需要用私钥加密，客户端保存的是私钥。服务器端保存的是公钥，其他服务器知道公钥没有关系，因为客户端不需要登录其他服务器。

3. 数字签名

数字签名的目标是为了证明信息没有受到外界修改或伪造，一般将签名信息附在信息原文的后面。其应当具备以下特性：①简洁性；②不可假冒性；③不可抵赖性。

4. 数字证书

为了保证信息发送和接收双方获取的公私钥没有被中间人篡改或控制，这就需要第三方机构来保证公钥的合法性，这个第三方机构就是证书中心（certificate authority，CA）。CA 用自己的私钥对信息原文所有者发布的公钥和相关信息进行加密，得出的内容就是数字证书。信息发送者发布信息时除了带上自己的签名，还带上数字证书，就可以保证信息不被篡改了。信息的接收者先用 CA 给发布的公钥解出信息所有者的公钥，保证公钥是真正的公钥，从而通过该公钥证明数字签名的真实性。

二、 防火墙技术

防火墙是一种保护计算机网络安全的技术性措施，它通过在网络边界上建立相应的网络通信监控系统来隔离内部和外部网络，以阻挡来自外部的网络入侵。

（一）防火墙的基本概念

1. 防火墙的概念

一般来讲，防火墙（firewall）用来隔离受保护的网络和不受保护的网络（如因特网)，通过单一集中的安全检查点，审查并过滤所有从因特网到受保护网络的连接（反之亦然)。实现防火墙的实际方式各不相同，但是在原则上，防火墙可以被认为是这样一对机制：一种机制是拦阻传输流通行，另一种机制是允许传输流通过。一些防火墙偏重拦阻传输流的通行，而另一些防火墙则偏重允许传输流通过。

2. 防火墙的作用

防火墙的作用是防止不希望的、未授权的通信进出被保护的网络，迫使单位强化自己的网络安全政策。总的来说，防火墙的基本作用概括为以下几个方面：①可以限制他人进入内部网络，过滤掉不安全服务和非法用户。②防止入侵者接近你的防御设施。③限定用户访问特殊站点。④为监视 Internet 安全提供方便。

（二）防火墙的分类

随着我国信息化建设的高速发展，网络中接入信息基础设施的数量不断增加，防火墙的技术也在不断发展，防火墙的分类和功能也在不断细化。内部网络所使用的防火墙技术按照防范的方式和侧重点的不同可分为很多种类型，但总体来说可分为三大类：包过滤型（packet filtering)、应用代理型（application proxy）防火墙和状态监视器（stateful inspection)。

包过滤型防火墙作用在网络层，检查数据流中的每个数据包，并根据数据包的源地址、目标地址以及包所使用的端口确定是否允许该类数据包通过。

应用代理服务器作用在应用层，其特点是完全“阻隔”了网络通信流，通过对每种应用服务编制专门的代理程序，实现监控、过滤、记录和报告应用层通信流的功能。

状态监视器采用了一个在网关上执行网络安全策略的软件引擎，利用抽取相关数据的方法对网络通信的各层实施监测，一旦某个访问违反安全规定，安全报警器就会拒绝该访问，并做下记录向系统管理器报告网络状态。

以下是包过滤型和应用代理型两种基本类型的防火墙。

1. 包过滤型防火墙

包过滤型防火墙工作在 OSI 网络参考模型的网络层和传输层，它根据数据包头源地址、目的地址、端口号和协议类型等标志确定是否允许通过。只有满足过滤条件的数据包才被转发到相应的目的地，其余数据包则被从数据流中丢弃。

包过滤方式是一种通用、廉价而有效的安全手段。之所以通用，是因为它不是针对各个具体的网络服务采取特殊的处理方式，适用于所有网络服务；之所以廉价，是因为大多数路由器都提供数据包过滤功能，所以这类防火墙多数是由路由器集成的；之所以有效，是因为它能在很大程度上满足绝大多数企业的安全要求。

（1）第一代静态包过滤类型防火墙

这类防火墙几乎是与路由器同时产生的，它是根据定义好的过滤规则审查每个数据包，以便确定其是否与某一条包过滤规则匹配。过滤规则基于数据包的报头信息进行制订。报头信息中包括 IP 源地址、IP 目标地址、传输协议（TCP、UDP、ICMP 等）、TCP/UDP 目标端口、ICMP 消息类型等。

（2）第二代动态包过滤类型防火墙

这类防火墙采用动态设置包过滤规则的方法，避免了静态包过滤所具有的问题。这种技术后来发展成为状态监测（stateful inspection）技术。采用这种技术的防火墙对通过其建立的每一个连接都进行跟踪，并且根据需要可动态地在过滤规则中增加或更新条目。

包过滤方式的优点是不用改动客户机和主机上的应用程序，因为它工作在网络层和传输层，与应用层无关。但其弱点也是明显的：①过滤判别的依据只是网络层和传输层的有限信息，因而各种安全要求不可能充分满足。②在许多过滤器中，过滤规则的数目是有限制的，且随着规则数目的增加，性能会受到很大的影响。③由于缺少上下文关联信息，不能有效地过滤如 UDP、RPC（远程过程调用）一类的协议。另外，大多数过滤器中缺少审计和报警机制，它只能依据包头信息，而不能对用户身份进行验证，很容易受到“地址欺骗型”攻击。对安全管理人员素质要求高，建立安全规则时，必须对协议本身及其在不同应用程序中的作用有较深入的理解。因此，过滤器通常是和应用网关配合使用，共同组成防火墙系统。

2. 应用代理型防火墙

应用代理型防火墙是工作在 OSI 的最高层，即应用层。其特点是完全阻隔了网络通信流，通过对每种应用服务编制专门的代理程序，实现监视和控制应用层通信流的作用。

（1）第一代应用网关（application gateway）型防火墙

这类防火墙是通过一种代理（proxy）技术参与到一个 TCP 连接的全过程。从内部发出的数据包经过这样的防火墙处理后，就好像是源于防火墙外部网卡一样，从而可以达到隐藏内部网结构的作用。这种类型的防火墙被网络安全专家和媒体公认为是最安全的防火墙。它的核心技术就是代理服务器技术。

（2）第二代自适应代理（adaptive proxy）型防火墙

它是近几年才得到广泛应用的一种新防火墙类型。它可以结合代理类型防火墙的安全性和包过滤防火墙的高速度等优点，在毫不损失安全性的基础之上将代理型防火墙的性能提高 10 倍以上。组成这种类型防火墙的基本要素有两个：自适应代理服务器（adaptive proxy server）与动态包过滤器（dynamic packet filter）。

在“自适应代理服务器”与“动态包过滤器”之间存在一个控制通道。在对防火墙进行配置时，用户仅仅将所需要的服务类型、安全级别等信息通过相应 Proxy 的管理界面进行设置就可以了。然后，自适应代理就可以根据用户的配置信息，决定是使用代理服务从应用层代理请求还是从网络层转发包。如果是后者，它将动态地通知包过滤器增减过滤规则，满足用户对速度和安全性的双重要求。

代理类型防火墙的最突出的优点就是安全。由于它工作于最高层，所以它可以对网络中任何一层数据通信进行筛选保护，而不是像包过滤那样，只是对网络层的数据进行过滤。

另外代理型防火墙采取的是一种代理机制，它可以为每一种应用服务建立一个专门的代理，所以内外部网络之间的通信不是直接的，而都需先经过代理服务器审核，通过后再由代理服务器代为连接，根本没有给内、外部网络计算机任何直接会话的机会，从而避免了入侵者使用数据驱动类型的攻击方式入侵内部网。

代理防火墙的最大缺点就是速度相对比较慢，当用户对内外部网络网关的吞吐量要求比较高时，代理防火墙就会成为内外部网络之间的瓶颈。但因为防火墙需要为不同的网络服务建立专门的代理服务，在自己的代理程序为内、外部网络用户建立连接时需要时间，所以给系统性能带来了一些负面影响，但通常不会很明显。

（三）防火墙体系结构

1. 包过滤网类型防火墙

实现包过滤的机器位于内外网络之间，它具有两个网络接口，分别与内外网络相连，将内部局域网与外部 Internet 的直接通信相隔离，并且能够在两个网卡之间完成 IP 数据包转发的普通路由功能，它利用设置包过滤规则来实现数据包过滤功能，根据本地安全策略，决定哪些数据包可以通过网络接口，哪些数据包被丢弃，也就是说包过滤网关相当于一个有流量监控功能的静态路由器。

这是最基本的一种包过滤防火墙，它具有价格低和易于使用的优点，但同时也有缺点，如配置不当则防火墙网关机器可能受到攻击以及将攻击包在允许的服务和系统范围内进行攻击等。由于允许在内部和外部网络之间通过包过滤网关直接交换数据包，因此攻击面可能会扩展到所有内部主机和包过滤网关所允许的全部服务上。这就意味着可以从Internet上直接访问的内部主机要支持复杂的用户认证，并且网络管理员要不断地检查网络以确定网络是否受到攻击。另外，如果有一个包过滤网关被渗透，内部网络上的所有系统都可能会受到损害。

2. 双穴网关型防火墙

它与包过滤网类型防火墙相似，可以说是包过滤网关的一种替代，二者都是防火墙机器位于外界Internet与内部网络之间，并且通过两个网络接口分别与内外网络相连。所不同的是，双穴网关型防火墙的IP转发功能是被禁止的，这样使得内、外部网络的IP数据流完全隔断，它的网关功能是通过提供代理服务来实现，而不是通过IP转发来提供的，只有特定类型的协议请求才能被代理服务处理。所以说，双穴网关型防火墙实现了“缺省拒绝”的安全策略，具有很高的安全性。双穴网关型防火墙是典型的应用代理型防火墙，它完全“阻隔”了内外网络的网络通信流，实现了更高的安全级控制，这也是应用代理型防火墙优于包过滤型防火墙的一个特点。

上面的两种防火墙具有一个共同点：它们都是仅仅由一台防火墙主机来充当防火墙，对于这样的防火墙来说，如果防火墙主机被攻破，那么整个内部网的安全防线也会被攻破。所以对于大型内部计算机网络来说，还使用了屏蔽主机、没有直接路由的体系结构，或者是代理屏蔽子网的体系结构等更为复杂的防火墙体系结构。

3. 屏蔽主机型防火墙

这种防火墙实际上是应用代理和包过滤的结合。在接入Internet的地方放置包过滤防火墙主机，用它来作为包过滤网关，然后在靠近包过滤网关的地方，放置代理服务器，由它通过代理功能把某些服务转送到内部网络的主机上，而由包过滤网关把那些危险的协议过滤掉（当然不包括代理服务器代理的那些协议），不让它们进入代理服务器和内部网络中。从理想的安全控制来说，内部网与外界Internet的通信都应该通过代理服务器进行，再由包过滤网关通过包过滤对代理服务器进行保护，只让来自或者去往代理服务器的数据包通过，而丢弃其他的数据包。但是现在的代理服务只能代理一部分协议，有的协议还没有相应的代理软件，如果我们需要包过滤网关放行一些像这样没有代理软件的协议的时候，比如我们需要在内部网络添加一些公共服务器的时候，我们就要考虑让包过滤网关能够放行相应的一些协议，如果经过安全考虑这些协议都是可以信任的，那么我们就应该让包过滤网关允许这些可信任协议通过。当然这些协议并不是去往代理服务器的，而是去往相应的服务器。比如我们可在包过滤网关和代理服务器共用的网段位置加上一些公共服务器，比如 E-mail 服务器、DNS 服务器等。

这种类型的防火墙的主要安全问题就出在那些需要另外放行的协议上，因为它们本身可能就是潜在的安全漏洞，而且对于包过滤网关来说，还要为每一种放行的协议配置相应的过滤规则，使得原来配置的只允许代理服务器代理的协议通过这样的简单规则变得复杂，这样一来又把包过滤的缺点——规则的复杂性问题遗留了下来。所以解决这个问题最好的方法就是让更多的协议都能通过代理服务器来代理，从而增强整个防火墙体系的安全性。

4. 屏蔽子网型防火墙

屏蔽子网型防火墙是几种防火墙体系机构中安全性最高的。它使用了两个包过滤网关在内部网络与外部网络 Internet 之间隔离出了一个受屏蔽的子网，也就是非军事区 DMZ（demilitarized zone 的缩写，中文名称为“隔离区”，也称“非军事化区”），在这个 DMZ 中放置了代理服务器、公共信息服务器、Modem 等一些需要进行控制访问的系统。

在外界与 Internet 相连的包过滤网关称为外部路由器或者是堡垒防火墙，它只让与 DMZ 中的代理服务器、公共信息服务器有关的数据包通过，其他的数据包都丢弃，从而把外界 Internet 对 DMZ 的访问限制在特定的服务器范围内。从这一点可以看出它跟屏蔽主机型防火墙中的包过滤网关所起的作用是一样的。

在内部网与 DMZ 相连的包过滤网关称为内部路由器或者是隔断防火墙。由于内部路由器只向内部网络通告 DMZ 网络的存在，所以内部网络上的系统不能直接通往 Internet，这样就保证了内部网络上的用户必须通过驻留在代理服务器上的代理服务才能访问 Internet。

这样，内部网与外界 Internet 之间没有直接连接，它们之间的连接都要通过 DMZ 进行中转，使得内部网络对 Internet 来说是不可见的。这一点与双穴网关型防火墙的情况一样。对于外部路由器来说，除了代理服务器代理的服务以外，它还需要放行公共信息服务器所允许的协议，这一点与屏蔽主机型防火墙的安全隐患一样，但是在屏蔽子网型防火墙结构中，由于把这些服务的系统都放置在 DMZ 中，而且在 DMZ 和内部网络之间还设置了一个内部路由器，用它来隔断 DMZ 与内部网络，这样使得整个防火墙体系又多了一层安全保护。所以说屏蔽子网型防火墙综合了前面几种防火墙的优点，是最完善的一种防火墙体系。

三、 新一代防火墙技术

新一代防火墙技术是一款可以全面应对应用层威胁的高性能防火墙。通过深入洞察网络流量中的用户、应用和内容，并借助全新的高性能单路径异构并行处理引擎，能够为用户提供有效的应用层一体化安全防护，帮助用户安全地开展业务并简化用户的网络安全架构。

（一）新一代防火墙技术的特点

1. 多级过滤技术

为保证系统的安全性和防护水平，新一代防火墙采用三级过滤措施，并辅以鉴别手段。在分组过滤一级，能过滤掉所有的源路由分组和假冒 IP 地址；在应用级网关一级，能利用 FTP、SMTP 等各种网关，控制和监测 Internet 提供的所有通用服务；在电路网关一级，实现内部主机与外部站点的透明连接，并对服务的通行实行严格控制。

2. 透明的访问方式

以前的防火墙在访问方式上要么要求用户做系统登录，要么需要通过 SOCKS 等库路径修改客户机的应用。新一代防火墙利用了透明的代理系统技术从而降低了系统登录固有的安全风险和出错概率。

3. 网络地址转换技术

新一代防火墙利用 NAT 技术能透明地对所有内部地址做转换，使得外部网络无法了解内部网络的内部结构，同时允许内部网络使用自己编的 IP 源地址和专用网络，防火墙能详尽记录每一个主机的通信，确保每个分组送往正确的地址。

4. 用户鉴别与加密

为了降低防火墙产品在 Telnet FHP 等服务和远程管理上的安全风险，鉴别功能必不可少。第四代防火墙采用一次性使用的口令字系统来作为用户的鉴别手段并实现了对邮件的加密。

5. 审计和告警

新一代防火墙产品采用的审计和告警功能十分健全，日志文件包括：一般信息、内核信息、核心信息、接收邮件、邮件路径、发送邮件、已收消息、已发消息、连接需求、已鉴别的访问、告警条件、管理日志、进站代理、FTP 代理、出站代理、邮件服务器、域名服务器等。告警功能会守住每一个 TCP 或 UDP 探寻，并能以发出邮件、声响等多种方式报警。

（二）新一代防火墙技术的应用和发展

1. 智能防火墙技术

智能防火墙是利用统计、记忆、概率和决策的方法来对数据进行识别，并达到访问控制的目的。由于这些方法多是人工智能学科采用的方法，因此被称为智能防火墙。智能防火墙能智能识别恶意数据流量，并有效地阻断恶意数据攻击；智能防火墙可以有效地切断恶意病毒或木马的流量攻击；智能防火墙能智能识别黑客的恶意扫描，并有效地阻断或欺骗恶意扫描者；智能防火墙可以防止被扫描。防扫描技术还可以有效地解决代表或恶意代码的恶意扫描攻击；智能防火墙支持包擦洗技术，对 IP、TCP、UDP、ICMP 等协议的擦洗，实现协议的正常化，消除潜在的协议风险和攻击。这些方法对消除 TCP/IP 协议的缺陷和应用协议的漏洞所带来的威胁，效果显著；智能防火墙增加了对 IP 层的身份认证，基于身份来实现访问控制。总之，智能防火墙解决了拒绝服务攻击的问题、病毒传播问题和高级应用入侵问题，代表着防火墙的主流发展方向，与传统防火墙相比有了质的飞跃。主要应用领域包括：入侵防御、防范黑客攻击、防范潜在风险、防范恶意数据攻击，智能防火墙在保护网络和站点免受黑客的攻击、阻断病毒的恶意传播、有效监控和管理内部局域网、身份认证授权和审计管理等方面都起着重要作用。

2. 嵌入式防火墙技术

嵌入式防火墙也被称为阻塞点防火墙，是内嵌于路由器或交换机的防火墙。嵌入式防火墙工作于 IP 层，所以无法保护网络免受病毒、蠕虫和特洛伊木马程序等来自应用层的威胁。就本质而言，嵌入式防火墙常常是无监控状态的，它在传递信息包时并不考虑以前的连接状态。嵌入式防火墙弥补并改善各类安全能力不足的企业边缘防火墙、防病毒程序、基于主机的应用程序、入侵检测告警程序以及网络代理程序而设计，它确保了企业内部与外部的网络具有以下功能：第一，不论企业局域网的拓扑结构如何变更，防护措施都能延伸到网络边缘为网络提供保护；第二，基于硬件、能够防范入侵的安全特性能独立于主机操作系统与其他安全性程序运行，甚至在安全性较差的宽带链路上都能实现安全移动与远程接入，可管理的执行方式使企业安全性能够被用户策略而非物理设施来进行定义；第三，能够为那些需要在家访问公司局域网的远程办公用户提供保护。

3. 分布式防火墙技术

分布式防火墙产品是指那些驻留在网络主机如服务器或桌面机并对主机系统自身提供安全保护的软件产品。分布式防火墙技术包含以下方面：

（1）网络防火墙

网络防火墙用于内部网和外部网之间和内部网子网之间的保护产品，后者区别于前者的一个特征是需支持内部网可能有的 IP 和非 IP 协议。

（2）主机防火墙

主机防火墙对于网络中的服务器和桌面机进行防护，这些主机的物理位置可能在内部网中，也可能在内部网外，如托管服务器或便携式计算机。分布式防火墙克服了传统防火墙的缺陷，它的优势在于：①在网络内部增加了另一层安全，有效抵御来自内部的攻击，消除网络边界上的通信瓶颈和单一故障点，支持基于加密和认证的网络应用。②与拓扑无关，支持移动计算。主要应用在企业的网络和服务器主机，在于堵住内部网的漏洞，解决来自企业内部网的攻击。分布式防火墙实施在企业各个网络端点上，克服了传统防火墙的缺陷，有效地保护了主机，适应了新的网络应用的需要。

第三节　物理安全技术

一、物理安全技术概述

对于计算机网络信息系统，物理安全的作用就是保护那些进行信息处理和信息存储的物理基础设施的安全。物理安全必须防止对物理基础设施的损害。

广义上讲，基础设施包括以下几类：

1. 计算机网络系统硬件（Information System Hardware）。包括数据处理及存储设备、数据传输设备和网络设备。

2. 物理设施（Physical Facility）。计算机网络系统硬件所在的建筑物和其他的组成部分。

3. 支撑设施（Supporting Facilities）。那些支撑计算机网络系统运转的设施，包括电力、通信和环境控制（电磁、温度、湿度等）设施。

4. 人员（Personnel）。使用、控制和维护计算机网络信息系统的人。

物理安全必须防止物理基础设施的误用，这些误用会导致信息系统中的数据被误用或损坏。对物理基础设施的误用可能是偶然的也可能是恶意的，它包括故意破坏、偷盗设备、非法拷贝、盗用服务和非授权访问。物理安全的作用的。静态系统指被装在一个固定的区域内的系统。移动系统被安装在一个交通工具上，作为一个装置对整个信息系统起作用。便携式系统不是只有一个安装点，而是可以在多种地方运行，包括建筑物、交通工具或者户外。系统安装的特性决定了多种类型威胁的特点和严重性，这些威胁包括火灾、屋顶漏水和非授权访问等。

二、 物理安全的威胁

物理安全的威胁多种多样，对其进行分类很重要。有很多对物理安全威胁分类的方法，管理员能够依据这些分类来保证防御措施是全面的。这里将威胁分为自然灾害威胁、工作环境威胁、技术威胁、人为威胁四类。

（一）自然灾害的威胁

自然灾害是大多数威胁中破坏力最大的，通过对不同类型的自然灾害进行风险评估并采取合适的预警，可以防止由自然灾害造成的重大损失。

（二）工作环境的威胁

工作环境的威胁可能中断信息系统的服务或者损坏其中存储的数据，在野外可能会对公共设施造成区域性的破坏。这类威胁一般表现为以下几个方面。

1. 不适的温度和湿度

计算机信息系统的相关设备必须工作在一定的温度范围内。大多数设备都设计在10~32℃（即50~90℉）运行。在这个范围之外，系统可以继续运行但是可能会产生不可预料的后果。如果相关设备周围的温度升得太高，又缺乏相应的散热能力，那么内部的组件就会被烧坏。如果温度太低，当打开电源的时候，设备不能承受热冲击，就会导致集成电路板破裂。

另一个温度威胁是来自设备的内部温度，它可能比室内或设备周围环境的温度高出很多。计算机信息系统的相关设备都有自己的散热方式，但它们会受到外部条件的影响，例如，不正常的外部温度，电力供应中断，通风、空气调节服务的中断以及通风口的阻塞等。

潮湿也会给电气电子设备造成威胁。设备长期暴露在潮湿的环境下易遭受腐蚀。冷凝能影响磁性和光学存储介质。冷凝还会造成线路短路，从而导致集成板损坏。潮湿也会产生电流化学效应，导致整个设备内部器件的性质发生变化，影响设备的运行及使用。

干燥是很容易被忽视的环境威胁。在长期的干燥环境下，某些材料可能发生形变，从而影响其性能。同样，静电也会带来一系列问题。即使是10V以下的静电也能损坏部分敏感电子线路，如果达到数百伏的静电，那就能对各种电子线路产生很大的损坏。因为人体的静电能够达到几千伏，所以这是一个不容忽视的威胁。

2. 火灾

火灾不仅威胁整个系统设备的安全，还会对人们的生命安全造成威胁。火灾的威胁不仅仅来自火焰产生的高温，还来自各类物品燃烧释放的有毒气体、烟尘及灭火时所用的灭火工具。此外，火灾还能导致一些公共设施损毁，尤其是电力设施。

3. 水灾

水或其他的液体会对信息系统设备造成威胁，主要的危害就是线路短路。例如灭火系统的喷头，尽管具有灭火功能，但对于计算机设备来说就是一个重要的威胁。可能由于错误的烟雾传感器导致系统启动，或者水管破裂，都有可能使水流入信息系统设备中，从而导致设备短路损毁。

4. 灰尘、有害生物

灰尘非常普遍但却经常被忽略。尽管大部分设备都具有一定的防尘功能，但是纸和纺织品中的纤维却会对设备造成一定的磨损并具有轻微导电作用。具有通风散热部件的设备，是最容易受到灰尘影响的，比如旋转的存储介质和计算机的风扇。灰尘容易堵住通风设备的通风口从而降低散热器的散热能力。

有害生物也是容易被忽略的威胁，它包括真菌、昆虫和啮齿类动物等。潮湿引起菌类生长导致设备发霉，这对人员和设备都有巨大的危害。此外，昆虫和啮齿类动物，容易咬坏基础设施，例如纸张、桌椅、电线等。

（三）技术威胁

技术威胁主要包括电磁、声光等因素造成的系统信息泄露等威胁，这类威胁表现为通过设备的电力系统、电磁泄漏等方式进行系统信息窃取等类型的攻击。

1. 电力

电力对于一个信息系统的运行是必不可缺的，系统中的大部分电气设备都需要持续供电。电力威胁一般表现为电压过低、过高或噪声等形式。当供给信息系统设备的电压比其正常工作的电压低时就发生欠电压现象。多数设备都可以在低于正常电压 20%的低压环境下工作，而不会引起设备的运行或停机。但若电压继续降低，则设备就会因供电不足而关闭。一般情况下，电压过低不会导致设备损坏，但设备停机会导致整个信息系统的服务中断。电压过高会导致过电压现象，比欠电压更具有威胁。供电异常、一些内部线路错误或者电击都可能引起电压浪涌。其损坏程度与浪涌的持续时间、强度和浪涌电压保护器的效率有关。一个高强度的电压浪涌足以毁坏信息系统的设备，包括处理器和存储器。

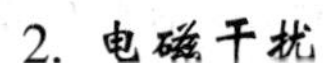

2. 电磁干扰

电源线在传导电流的同时也会传导噪声信号，这些噪声信号若和电子设备的内部信号相互影响，可能引起逻辑错误。在大多数情况下，都可以使用电源的滤波电路来消除这些噪声信号。

还有一种电磁干扰，是来自附近的广播电台或各种天线发射的高强度信号。即使是低信号发射强度的设备，比如手机，也能干扰敏感的电子设备。

3. TEMPEST 威胁

TEMPEST 的电磁泄漏是指电子设备中散射的电磁能量通过空间或导线向外扩散。它是时刻存在的，任何处于带电状态的电磁信息设备，如电话机、计算机、复印机、显示器等，都存在不同程度的电磁泄漏现象。这是由电磁的本质决定的，无法改变。TEMPEST 泄漏发射是指电磁设备中泄漏的电磁能量含有这些设备所处理的信息。

4. 计算机系统的电磁泄漏

计算机及其外设设备在信息的收发、处理和传输中时刻存在着电磁泄露。泄露的信息包括键盘鼠标输入信息、视频音频信息、磁盘信息等计算机及外设处理或输出的数据。泄露发射源包括键盘、主板、显示器、音箱以及各种电源线等。从信号的传输方式分串行数据的泄露和并行数据的泄露两种。由于计算机设备中并行数据泄漏发射时，同频信号之间会相互干扰，所以从中提取数据十分困难，因此对信息安全威胁最大的是串行数据的泄漏发射。产生串行信号的设备有键盘、显示器、光驱、RS232 通信线等。

5. 其他信息设备的电磁泄漏

打印机、复印机、电话机和传真机等信息设备都是以串行的方式处理信息的，这些信息设备也能以传导泄漏的方式泄漏信息。例如，电话机处理的是语音的模拟信号，它产生的电磁泄漏包含了非常直观的语音模拟信号，非常容易被接收后还原。电话机主要辐射源包含晶振、CPU 芯片、变压器、直流电源等功率比较大的器件。此外，如果有多条电话线，电话机泄漏的电磁信号可以耦合到别的电话线上，而且机密场所常常有多台电话机，这样容易威胁涉密信息的安全。

6. 设备的二次泄漏

接收和发射器件有可能是二次电磁泄漏发射的载体。发射设备一般包括放大器和混频器，红信号可以以两种方式耦合到发射电路中二次发射出去。第一种是由于红信号的频率范围与放大器的工作频率范围相近，红信号耦合在放大器一级，直接被放大器放大发射出去。第二种则是红信号频率比较低，可能会耦合在混频器一级，经混频器混频后再经放大器放大后发射出去。由于受到接收和发射设备中放大器的影响，会导致第二次泄漏发射的强度超过第一次泄漏发射的强度，增加了信息泄露的危险性。

（四）人为的物理威胁

由于人为的物理威胁比其他种类的物理威胁更加难以预见，所以人为的物理威胁比环境威胁和技术威胁更加难以防范。此外，人为威胁是被特别设计为攻破预防措施的，并且是寻找最脆弱的点来攻击，导致人为的威胁在物理安全方面一直是重中之重。人为的物理威胁包含以下几个方面。

1. 非授权的物理访问

通常信息系统，如网络设备、计算机、服务器和存储网络设备，一般都是放置在特定的场所中，而进入这些地方往往需要一定的授权。非授权的物理访问是指没有经过授权而非法进入这些放置信息系统的场所。非授权的物理访问还经常导致其他的人为威胁，比如盗窃、故意破坏或误用。

2. 盗窃

这种威胁包含两种，一种是对信息系统设备的盗窃，另一种是对信息系统中的信息进行拷贝盗窃。偷听和搭线偷听也属于这种类型。盗窃可能发生在那些非法访问的外部人员或者内部人员的身上。

3. 故意破坏

这种威胁就是对物理设备的破坏，从而导致数据的丢失或损坏。

4. 误用

这种威胁包含两种方式，一种是授权的访问者不恰当地使用信息资源，另一种是未授权的访问者非法使用信息资源。

三、 设备安全

广义的设备安全包括物理设备的防盗、防止自然灾害或设备本身原因导致的损坏、防止电磁信息辐射导致的信息泄露、防止线路截获导致的信息毁坏和篡改、抗电磁干扰和电源保护等措施，狭义的设备安全是指用物理手段保障计算机系统或网络系统安全的各种技术。

（一）访问控制技术

访问控制的对象包括计算机系统的软件及数据资源，这两种资源平时一般都以文件的形式存放在硬盘或其他存储介质上。所谓访问控制技术，是指保护这些文件不被非法访问的技术。

1. 智能卡技术

智能卡也叫智能 IC 卡，卡内的集成电路包括中央处理器（CPU）、可编程只读存储器（EEPROM）、随机存储器（RAM）和固化在只读存储器（ROM）中的卡内操作系统。卡中数据分为外部读取和内部处理两部分，以确保卡中数据安全可靠。智能卡可用作身份识别、加密/解密和支付工具。磁卡中记录了持卡人的信息，通常读取器读出磁卡信息后，还要求持卡人输入口令以便确认持卡人的身份。如果此卡丢失，拾到者也无法通过此卡进入受限系统。

2. 生物特征认证技术

人体生物特征具有“人人不同，终身不变，随身携带”的特点，利用生物特征或行为特征可以对个人的身份进行识别。因为生物特征是指人本身，没有什么能比这种认证方式更安全、更方便的了。生物特征包括手形、指纹、脸型、虹膜、视网膜等，行为特征包括签字、声音和按键力度等。基于这些特征，人们已经发展了手印识别、指纹识别、面部识别、声音识别、虹膜识别、笔迹识别等多种生物特征识别技术。

（1）指纹识别技术

指纹是手部皮肤表面凸起和凹陷的印痕，它是最早和最广泛被认可的生物认证特征。每个人都有唯一的指纹图像，指纹识别系统把某人的指纹图像保存于系统中，当这个人想进入系统时，需要采集指纹，并将该指纹与系统中保存的指纹进行比较和匹配，通过后才能进入系统。

（2）手印识别技术

手印识别通过记录每个人手上的静脉和动脉的形态大小和分布图来进行身份识别，手印识别器需要采集整只手而不仅仅是手指的图像，读取时，需要把整只手按在手印读取设备上，只有当与系统中保存的手印图像匹配时才能进入系统。

（3）声音识别技术

人在说话时使用的器官包括舌头、牙齿、喉头、肺、鼻腔等，由于每个人的这些器官在尺寸和形态方面的差异很大，因此，说话的声音有所不同，这也是人们能够辨别声音的原因。尽管模仿他人的声音一般人听起来可能极其相似，但如果采用声音识别技术进行识别，就能显示出巨大的差异。因此，无论是多么高明的、相似的声音模仿都可以被辨别出来。声音就像人的指纹一样，具有唯一性。也就是说，每个人的声音都有细微的差别，没有两个人的声音是相同的。常常采用某个人的短语的发音进行识别。目前，声音识别技术已经商业化了，但是，当一个人的声音发生很大变化时，声音识别器可能会产生错误。

（4）笔迹识别技术

不同人的笔迹存在很大不同。人的笔迹产生于长时间的书写训练，并且由于不同的人书写习惯的不同，在字的诸如转、承、启、合等部分差别很大，这些差别最后导致整个字体出现较大的差异性。一般模仿的人都只能模仿字形，由于无法准确了解原作人的书写习惯，在笔迹对比时会发现存在巨大差异。笔迹也是一个人独一无二的特征，计算机笔迹识别正是利用了笔迹的独特性和差异性。

（5）视网膜识别技术

视网膜是一种极其稳定的生物特征，将其作为身份认证是精确度较高的识别技术，但是用起来比较困难。视网膜识别技术是利用扫描仪采用激光照射眼球的背面，扫描摄取几百个视网膜的特征点，经数字化处理后形成记忆模板存储于数据库中，供以后的对比验证。由于每个人的视网膜是互不相同的，利用这种方法可以区别每一个人。

3. 检测监视系统

检测监视系统一般包括入侵检测系统、传感系统、监视系统。这里入侵检测系统是指边界检测报警系统，用于对非授权的进入或试图进入进行检测并报警。入侵检测系统应由专门的人员负责，采用不间断方式运行，并定期由专门人员进行维护测试。传感系统则是将传感器分散布置在不易注意的地方，但能在受损时易于发现，传感器系统能够检测设备周围环境变化，并能对超出范围的情况进行报警提示。监视系统是一种辅助的安全控制手段，它对于未经授权的行为起到威慑的作用，并且能够对一些违法行为提供重要证据。监视器一般要安装在房间的关键地点，以便能提供监控场所或设备的全景录像。视频系统中必须记录对应的日期和时刻，视频图像的显示器要安装在安全保卫室里，并且要确保录像带在用完之前能及时更换，对更换下来的录像带必须在安全的场所存放一定的时间。

（二）防复制技术

1. 电子“锁”

电子“锁”也称电子设备的“软件狗”。软件运行前要把这个小设备插入一个端口上，在运行过程中程序会像端口发送询问信号，如果“软件狗”给出响应信号，该程序继续执行下去，则说明该程序是合法的，可以运行；如果“软件狗”不给出响应信号，该程序中止执行，则说明该程序是不合法的，不能运行。

2. 机器签名

机器签名是在计算机内部芯片（如 ROM）里存放该机器唯一的标志信息，把软件和具体的机器绑定，如果软件检测到不是在特定机器上运行，便拒绝执行。为了防止跟踪破解，还可以在计算机中安装一个专门的加密、解密处理芯片，密钥也被封装于芯片中。软件以加密形式分发，加密的密钥要和用户机器独有的密钥相同，这样可以保证一个机器上的软件在另一台机器上不能运行。这种方法的缺点是软件每次运行前都要解密，会降低机器运行速度。

3. 硬件防辐射技术

（1）TEMPEST 标准

防信息辐射泄漏技术（TEMPEST）主要研究与解决计算机和外部设备工作时因电磁辐射和传导产生的信息外露问题，为了评估计算机设备辐射泄漏的严重程度，评价 TEMPEST 设备的性能好坏，制定相应的评估标准是必要的。TEMPEST 标准中一般包含规定计算机设备电磁泄漏的极限和规定防辐射泄漏的方法与设备。

（2）计算机设备的防泄漏措施

要根据计算机中信息的重要程度，确定对计算机与外部设备究竟需要采用哪些防泄漏措施。对于企业而言，需要考虑这些信息的经济效益，对于军队则需要考虑这些信息的保密级别。

以下是一些常用的防泄漏措施：

①屏蔽

屏蔽不但能防止电磁波外泄，而且还可以防止外部的电磁波对系统内设备的干扰，并且在一定条件下还可以起到防止“电磁炸弹”“电磁计算机病毒”打击的作用。

对军队、政府机关、科研院所、学校等要害部门的一些办公室、实验场所，甚至整幢大楼用昂贵的有色金属网或金属板进行屏蔽，构成所谓的“法拉第笼”。并注意连接的可靠性和接地良好，防止向外辐射电磁波，使外面的电磁干扰对系统内的设备也不起作用。另外，因为计算机系统工作时，除了以电磁波方式辐射电磁能量外，还可通过电源线、信号线和地线等以传导的方式泄漏。因此，也要加强对整个电子设备的屏蔽，如对显示器、键盘、传输电缆线、打印机等的整体屏蔽；对电子线路中局部器件，如有源器件、CPU、内存条、字库、传输线等强辐射部位采用屏蔽盒、合理布线等，以及局部电路的屏蔽。一台符合 TEMPEST 防护标准的电脑，它的结构、机箱、键盘、显示器与普通电脑在外观上会有明显的不同。

②隔离和合理布局

物理隔离是隔离有害的攻击，在保证可信网络内部信息不外泄的前提下，可在可信网络之外完成网络间数据的安全交换。物理隔离安全要求有三点：第一，在物理传导上使内外网络隔断，确保外部网不能通过网络连接而侵入内部网；同时防止内部网信息通过网络连接泄露到外部网。第二，在物理辐射上隔断内部网与外部网，确保内部网信息不会通过电磁辐射或耦合方式泄露到外部网。第三，在物理存储上隔断两个网络环境，对于断电后会遗失信息的部件，如内存、处理器等暂存部件，要在网络转换时清除处理，防止残留信息出网；对于断电非遗失性设备如磁带机、硬盘等存储设备，内部网与外部网信息要分开存储。

③滤波

滤波是抑制传导泄漏的主要方法之一。电源线或信号线上加装合适的滤波器，可以阻断传导泄漏的通路，从而大大抑制传导泄漏。

④接地和搭接

接地和搭接也是抑制传导泄漏的有效方法。良好的接地和搭接，可以给杂散电磁能量一个通向大地的低阻回路，从而在一定程度上分流可能经电源线和信号线传输出去的杂散电磁能量。将这一方法与屏蔽、滤波等技术配合使用，对抑制电子设备的电磁泄漏可起到事半功倍的作用。

⑤使用干扰器

干扰器是一种能够辐射电磁噪声的电子仪器。它是通过增加电磁噪声降低辐射泄露信息的总体信噪比，增大辐射信息被截获后破解还原的难度，从而达到“掩盖”真实信息的目的。其防护的可靠性相对较差，因为设备辐射的信息量并未减少，从原理上讲，运用合适的信息处理手段，仍有可能还原有用信息，只是还原的难度相对增大。这是一种成本相对低廉的防护手段，主要用于保护密级较低的信息。此外，使用干扰器还会增加周围环境的电磁污染，对其他电磁兼容性较差的电子信息设备的正常工作构成一定的威胁。所以，只能在没有其他有效防护手段的前提下，作为应急措施才使用干扰器。

⑥配置低辐射设备

低辐射设备是在设计和生产计算机时就已经对可能产生电磁辐射的元器件、集成电路、连接线、显示器等采取了防辐射措施，把电磁辐射抑制到最低限度。使用低辐射计算机设备是防止计算机电磁辐射泄密的较为根本的防护措施。它与屏蔽手段结合使用可以有效地保护绝密级信息。

4. 通信线路安全技术

如果所有的系统都固定在一个封闭的环境里，而且所有连接到系统的网络和连接到系统的终端都在这个封闭的环境里，那么该通信线路是安全的。但是，通信网络业的快速发展使上述假设无法成为现实。因此，当系统的通信线路暴露在这个封闭的环境外时，问题便会随之而来。虽然从网络通信线路上提取信息所需要的技术比从终端通信线路获取数据的技术要高出几个数量级，但这种威胁始终存在，而且这样的问题还会发生在网络的连接设备上。

用一种简单但很昂贵的新技术给电缆加压，可以获得通信的物理安全，这一技术是为美国电话的安全而开发的。将通信电缆密封在塑料中，深埋于地下，并在线的两端加压，线上连接了带有警报器的显示器来测量压力。如果压力下降，则意味着电缆可能被破坏，维修人员将被派出去维修出现问题的电缆。电缆加压技术提供了安全的通信线路。无论任何人企图割电缆，监视器都会自动报警，通知安全保卫人员电缆有可能被破坏。如果有人成功地在电缆上接上了自己的通信设备，安全人员定期检查电缆的总长度时，就会发现电缆的拼接处。加压电缆是屏蔽在波纹铝钢包皮中的，因此几乎没有电磁辐射。如果要用电磁感应窃密，势必会动用大量可见的设备，因此很容易被发现。

光纤通信线曾被认为是不可搭线窃听的，因为其断裂或者破坏处会立即被检测到，拼接处的传输会缓慢得令人难以忍受。光纤没有电磁辐射，所以也不可能有电磁感应窃密。但光纤的最大长度是有限制的，长于最大长度的光纤系统必须定期地放大信号。这就需要将信号转换成脉冲，然后再恢复成光脉冲，继续通过另一条线传送。完成这一操作的设备是光纤通信系统的安全薄弱环节，因为信号可能在这一环节被搭线窃听。有两个方法可以解决这个问题：距离大于最大长度限制的系统间不要用光纤通信，或加强复制器的安全。

第四章　计算机信息检索技术

第一节　计算机信息检索的前提

一、计算机信息检索的基本概念

（一）计算机信息检索的条件和类型

1. 计算机信息检索的条件

（1）物质条件

从检索的过程来看，计算机检索的物质条件由数据库、通信系统和检索终端三部分组成。数据库是计算机信息检索的基本操作对象。近年来，数据库的发展十分迅速，全世界数据库的数量每年递增10%以上。数据库的专业覆盖面几乎涉及所有的科技门类。仅以Dialog系统为例，覆盖各行业的600多个数据库。在Dialog系统资源中，各种类型的商业性数据库多达400个左右，占有举足轻重的地位。存储的文献型和非文献型记录3.3亿篇，占世界各检索系统数据库文献总量的一半以上。

通信系统对现代计算机信息检索系统的作用变得越来越重要，除了单用户版的光盘检索系统外，现在几乎所有的计算机信息检索系统都要求通信系统的支持。从通信手段来说，原来多数国际联机系统采用的Telenet公共数据网连接，现在已发展到采用光缆、卫星通信等多种连接手段并举的阶段，通信速度有了极大的提高。

检索终端包括微型计算机（PC）、电话线、Modem或ISDN（ADSL）、打印机等。用于检索的微机应具有较高的运算速度和较强的逻辑运算功能，有较大的外存空间，有连接计算机网络的功能，另外通常还应提供汉字信息处理功能。

（2）人员条件

计算机信息检索的效果与检索人员的素质有着密切的关系。人员的素质主要包括：

①对检索课题的了解程度。

②对检索系统（包括计算机和数据库）的掌握程度。

③语言（包括检索语言、检索策略调整以及外语水平）的掌握程度。

2. 计算机信息检索的类型

（1）数据检索

数据检索（Numerical Retrieval）是以查找某一数据为目的，利用各类检索系统查出包含在信息中的某一数据、参数、公式、图表或化学分子式等的检索，其检索结果为数据信息。

（2）事实检索

事实检索（Fact Retrieval）是以事实为检索对象，是从存储事实信息系统中查找出指定的事实的行为。从广义上讲，事实也是全文内容，只是内容特殊、比较简短的全文。例如，什么是管理会计学？它的产生背景、发展沿革及其影响如何？使用中国大百科全书数据库能获取这类信息。其检索结果为事实。例如，从《中国科技名人数据库》中查询某一位科学家的生平与业绩。

（3）文献检索

文献检索（Document Retrieval）的检索结果是能够满足用户需求的文献线索或文献全文。

（二）计算机信息检索的原理

计算机信息检索是指利用计算机存储信息和检索信息。具体地说，就是指人们在计算机或计算机检索网络的终端机上，使用特定的检索指令、检索词和检索策略，从计算机检索系统的数据库中检索出所需的信息，继而再由终端设备显示或打印的过程。为实现计算机信息检索，必须事先将大量的原始信息进行加工处理，并以数据库的形式存储在计算机中，所以计算机信息检索广义上包括信息的存储和检索两个方面。

计算机信息存储过程是：用手工或者自动方式将大量的原始信息进行加工。具体做法是：将收集到的原始信息进行主题概念分析，根据一定的检索语言抽取出能反映信息内容的主题词、关键词、分类号，以及能反映信息外部特征的作者、题名、出版事项等，分别对这些内容进行标识或者编写出信息的内容摘要。然后，再把这些经过“前期处理”的信息按一定格式输入计算机存储起来，计算机在程序指令的控制下对数据进行处理，形成机读数据库，并存储在存储介质上，完成信息的加工存储过程。

计算机信息检索过程是：用户对检索课题加以分析，明确检索范围，弄清主题概念，然后用系统检索语言来表示主题概念，形成检索标识及检索策略，并输入计算机进行检索。计算机按照用户的要求将检索策略转换成一系列的提问，在专用程序的控制下进行高速逻辑运算，选出符合要求的信息输出。计算机检索的过程实际上是一个比较、匹配的过程，检索提问只要与数据库中的信息特征标识及其逻辑组配关系相一致，则属“命中”，即找到了符合要求的信息。

由此可知，信息检索的本质就是读者（用户）的信息需求与存储在信息集合体中的信息进行比较和选择，即匹配的过程。也就是对一定的信息集合体（系统）采用一定的技术手段，根据一定的线索与准则找出（命中）相关的信息。存储是为了检索，没有存储就无所谓检索。信息的存储与检索存在着相辅相成、相互依存的辩证关系。可以看到，在用户输入检索词后，计算机信息检索系统主要操作的对象是顺排文档和倒排文档。

（三）计算机信息检索系统

所谓信息检索系统，是指按某种方式、方法建立起来的供用户检索信息的一种有层次的信息体系，是表征有序的信息特征的集合体。在这个集合体中，对所收录信息的外部特征和内容特征都按需要有着详略不同的描述，每条描述记录都标明有可供检索用的标识，按一定序列编排，科学地组织成一个有机的整体，同时应具有多种必要的检索手段。其中，二次信息或三次信息是信息检索系统的核心和概括。

1. 检索系统的功能

（1）报道职能：通过报道的方式来揭示信息，方便用户及时了解和掌握信息的内容。

（2）存储职能：把大量分散的和不同形式的信息集中起来，依据一定规则组成系统，使信息由分散到集中，由无序到系统化。这是由一次信息转化为二次信息的过程。

（3）检索职能：通过对信息的报道和存储，把大量的带有外表特征和内容特征的信息系统地集中起来，并按某一组织方式排列，使用户可很快地检索到自己需求的信息。

2. 检索系统的评估标准

（1）信息的收录范围：指信息系统所覆盖的学科面、所收录的信息源类型及数量是否广泛、全面。

（2）信息特征标识的详略：检索系统对信息的外表特征和内容特征标识或描述的详略程度。

（3）信息摘录及标识的质量：指在编制检索系统的过程中，分析信息内容所达到的深度。它还包括标识是否能反映信息的内容特征、标识项目是否完全、标识是否标准化等方面。

（4）信息报道的时效：指从原始信息发表到相应的索引或文摘在信息系统中报道的时间间隔，这也是国际信息咨询服务所追求的目标之一。

（5）检索功能的完善：信息检索系统的使用方法是否简单易学、一目了然，系统组织是否科学，各种辅助检索方法是否完善、实用，是否有历史检索记录，各种标识项目是否容易识别。

3. 检索系统类型

从检索服务的角度出发，再以数据库所含信息内容的表现形式作为分类标准，可以将信息数据库划分为三大类：参考数据库、源数据库、混合型数据库。

（1）参考数据库：指用户从中获取信息线索后，还需要进一步查找原文或其他资料的一类数据库。它包括书目数据库和指南数据库。

（2）源数据库：它是能够直接为用户提供原始资料或具体数据的一类数据库，包括数值型数据库、术语数据库、图像数据库、全文数据库、超文本数据库、新闻型数据库。

（3）混合型数据库：这类数据库综合了上述两大类数据库中的数据。

4. 检索系统的构成模式

信息检索系统是由若干个互相关联的子系统共同构成的。

（1）信息数据的选择、处理、录入、维护子系统

这个子系统用于对原始信息进行选择、处理录入、追加修改和索引组织。系统的工作结果是形成各种数据库。例如，若处理的是全文型数据则为全文数据库，若处理的是索引、题录或文摘型数据则为书目数据库，若处理的是百科全书、年鉴、手册型数据则为事实数据数据库。

（2）词表和标引子系统

数据库中的信息需要通过检索语言加以表征和组织，检索者需要借助检索语言表达检索提问，系统的词表通过程序自动地予以更新维护。由于存储容量和处理速度的提高，计算机信息检索系统不仅采用主题词和分类号，还大量采用关键词（或称自由词，由计算机通过剔除禁用词自动产生）或识别词（准主题词，由计算机通过统计使用情况自动产生）标引信息，以提高信息揭示深度，增加检索入口，同时方便检索者以近乎自然语言的词汇检索所需的信息。

（3）检索子系统

检索子系统接受用户从键盘等入口向系统提出的检索要求，编译转换成系统语言词汇，并输出检索结果。检索策略的质量直接影响着检索子系统的功能发挥。

（4）用户接口子系统

这个子系统包括检索者同系统之间的通信方式、检索指令及交互能力等。

二、 计算机信息检索步骤和策略

（一）计算机信息检索的步骤

1. 分析研究课题

这是指在着手查找信息前对课题进行分析，明确学科或专业的范围，弄清检索的真正意图及实质。它包括了解课题的内涵概念范围和外延概念范围，以便确定检索标识（检索词、分类等）；明确课题所需信息的内容、性质和水平以及出版国别、语种和年限；了解并掌握课题的国内外情况；同时还要在分析的基础上形成主题概念，包括所需信息的主题概念有几个、概念的专指度是否合适、哪些是主要的、哪些是次要的等要素。还有些检索系统要求使用相应的词表和类表对选择出来的检索词进行核对，力求检索的主题概念准确反映检索需求。

可从以下几方面确定检索范围：

（1）专业范围：确定该课题涉及哪些专业及其相关的学科。

（2）时间范围：确定该课题需要检索信息的年代范围。

（3）地理范围：各国出版的检索系统以收藏本国的信息为主，因此要了解某课题在哪个国家处于领先地位，原则上就采用该国的检索系统。

（4）语种范围：视该课题在哪国占优势，据此选择该国母语的检索系统。

（5）信息类型：各种检索系统收录信息的着重点是不同的，即使是综合性检索系统也未必面面俱到，因此要选择与课题有关的、针对性强、适合课题需要的检索系统。

2. 选择检索系统

利用哪些检索系统进行查找，直接与检索结果有关。要根据课题要求，选择与所查课题相适应、质量较高、检索手段比较完善的检索系统须了解和掌握其适用范围、收录特点，然后可通过三次信息的选择和检索，如《工具书指南》《数据库目录》、搜索引擎介绍等工具指引到二次信息检索系统。

在选择检索系统时，要考虑的主要问题如下：

（1）在内容和时间方面，要考虑检索系统、数据库内容对课题内容的覆盖面和一致性，如应综合考虑检索系统、数据库收录信息的齐全、编制的质量、使用是否方便等因素。

（2）在手段上和技术上，具有机检条件一般就不选择手检工具，机检无疑具有较高的检索效率。但是，数据库收录的一般都是 20 世纪八九十年代的信息，若需要较久远的信息，未必已被回溯建库，所以在选择时必须掌握其收录信息的年代范围，才能获得满意的结果。

（3）考虑价格和可获得性，应选择就近容易获得的检索系统。

3. **确定检索途径**

检索途径是进入检索的入口。归结起来，有两类检索途径：一是反映信息内容特征的（主题、分类）途径，二是反映信息外部特征的（著者、题名、代码等）途径。上述两类途径构成了信息检索的整个检索途径体系。

（1）分类途径

这是按学科分类体系查找信息的途径，采用的是分类目录和分类索引。它以学科概念的上下左、右的关系来反映事物的派生、隶属、平行、交叉的关系，能够较好地满足人们检索的要求。

（2）主题途径

这是利用信息主题内容进行检索的途径，即利用从信息中抽象出来的，或经过人工规范化的，能够代表信息内容的标引词来检索。它打破了按学科分类的方法，使分散在各个学科领域里的有关课题的信息集中于同一主题。其最大优点是接近人们的工作和生活实际，且直接准确；同时，由于采用的概念易于理解或为人所熟悉，能够把同性质的事物集中于一处，使检索时便于选取。在各学科和其分支交叉渗透日益强化的今天，这种途径的检索是深受欢迎的。

（3）题名途径

这是根据信息的题名来检索信息的途径。比较符合一般用户对信息使用的习惯。知道信息题名的读者可以通过这种途径获取所需的信息。但题名往往较长而且复杂，题名相同或相似的甚多，容易造成误检，故不宜作为主要的检索标识。

（4）著者途径

这是以著者（包括个人及团体著者）的名称，按照字顺编排成一个体系，通过这一体系的排列规律，把某一著者的信息集中起来通过这一途径能获取该著者所有的信息。

（5）代码途径

这是通过已知信息的专用代码，如国际标准书目号（ISBN）、国际连续出版物号（ISSN）、专利号、合同号等查找信息的途径。它们是一些信息类型的特有标识，与信息有对应的关系。

在已知信息代码的前提下，用此途径检索信息比较方便、快速，尤其是 ISBN、ISSN 的唯一性使得检索更体现其快速和便捷的特点。正因为信息代码的唯一性特征，现代人们应该重视对 ISBN、ISSN 等的记忆。

4. **制定、调整检索策略**

（1）信息检索的策略

所谓信息检索策略，即将课题的提问及其检索词与检索系统的收录内容、编排特点相匹配而确定的检索方案或程序。制定检索策略的主要内容是，在分析检索课题的基础上，确定要利用哪些检索系统，确定查找年限和专业范围的选择，确定检索用词并判明各词之间的逻辑关系与查找步骤等事项的科学安排。

（2）检索策略的调整

检索过程是一个动态的随机过程，在某些检索环节中，会不可避免地产生一些和检索目标相差甚远的现象，如检索词过于宽泛或过于偏窄而造成扩检或漏检、检索词不规范而引起的误检等。所以，有必要在评价检索效果的基础上，还要对检索结果进行信息反馈，以便于重新修正检索策略，调整检索手段，进行新一轮循环检索，从而实现检索目标的完善。

（二）检索策略

检索功能强调的是静态性，检索策略则强调动态性。

检索策略是对检索行为的全面策划，在操作上主要是指选择合适的数据库和编制检索提问式，前者取决于现有的数据库源，后者则反映出检索目标。计算机检索为用户创造了良好的检索环境，尤其是其强大的检索功能、诸多的检索入口和用户友好的检索界面，即使是对计算机检索知识掌握有限的人也能上机进行检索。但是，要想以低廉的费用快速地获得满意的检索效果，就离不开计算机检索的几个基本步骤。即全面地分析信息需要、分析检索课题、选择合适的数据库、编制检索提问式。

1. **分析信息需要**

明确检索的要求和目的，是制定检索策略的前提。信息需要受社会因素和个人因素的制约，是各不相同的。因此，在着手信息检索前，必须全面地了解清楚信息需要和检索目的、检索的学科内容、主题范畴。根据社科信息的需求特点，其需求不外乎下述 4 种类型。

（1）了解学科发展动态的要求

这类信息需求的特点是一个“新”字，即要求及时获得学科前沿研究的最新动态、最新研究进展和研究成果。针对检索要求，在选择数据库时，除了必须考虑选择在学科内容方面与检索要求相吻合的基本要求以外，还应注意考虑到信息内容更新周期短的因素。

（2）了解某一研究主题的片段性信息

这类信息需求旨在借鉴他人研究成果，用以解决研究中碰到的具体问题。这类信息需

求的量最大，其特点是一个“准”字，即检索出的信息应有针对性，能帮助解决具体问题。因此，在数据库选择方面，除了注意内容主题的匹配外，还应注意原始信息的易获性，最好选择全文数据库。

（3）了解某一研究主题的全面性信息

出于基础理论研究、编写教材及申请课题的需要，用户往往需要全面系统地收集某一个主题范围内的信息资料。这类检索具有横向普查、纵向追溯的特点，并对查全率有较高的要求。因此，针对这类检索在选择数据库时，要注意选择存储容量大、覆盖年限长、具有较强随机存取能力的数据库。

（4）检索特定的文献信息

用户已经知道文献的题名、作者，而只是要求获取原文。对这类用户需求只需要选择与学科主题相吻合的数据库。

除了需要了解清楚用户信息需求和目的以外，了解清楚待查文献的年限、文献类型、语种和检索费用的支付能力等情况，对制定正确的检索策略也很重要。

不同类型的信息需求，对查全率和查准率的要求不尽相同，对选择数据库的要求也有差异。因此，在后续制定检索策略时，也应区别对待。

2. 分析检索课题

（1）一般课题概念的分析

分析检索课题就是分析出课题所涉及的主要概念，并选择能代表这些概念的若干个词或词组，进而分析概念之间的上下左右关系。尤其值得注意的是对于新学科、交叉学科和边缘学科的课题，清楚概念关系就显得尤为重要，如市场文化学、经济数理统计等。概念分析的结果应以概念组为单元的词或词组形式列出，以便制定检索策略。

（2）隐含课题概念的分析

有些课题的实质性内容往往很难从课题的名称上反映出来，课题所隐含的概念和相关的内容需要从课题所属的专业角度进行深入分析，才能提炼出能够确切反映课题内容的检索概念。例如，“知识产权保护”的概念中的“知识产权”一词隐含着“版权”“著作权”等概念。

（3）核心概念的选取

有些检索词已经含有的某些概念，在概念分析中应予以排除。例如，“社会保障”包含“养老保险”“失业保险”“医疗保险”“社会救济”等下位概念及同位概念“社会保险”。所以，如果需要检索“养老保险”方面的信息，直接使用“养老保险”做检索词最确切。

如果有些检索概念已经体现在使用的数据库中，这些概念也应该予以排除。例如，在使用法律文摘数据库时，“法律”这一概念一般可以排除；而 computer（计算机）一词在计算机数据库（The Computer Database）中一般也应予以排除。

另外有一些比较泛指、检索意义不大的概念，如“发展”“趋势”“现状”等在不是专门查找综述类信息时也予以排除。

3. 选择合适的数据库

不同的数据库学科范围不同，检索指令不同，收费标准也不同。所以，在检索之前阅读有关数据库的使用介绍，以便选择数据库时做到心中有数。数据库选择不当，就好像买东西走错了商店一样，不可能购买到满意的商品。因此，针对用户的信息检索要求，选择数据库时应遵循下列原则：

（1）要根据用户信息检索的学科内容和目的选择数据库。如果检索课题涉及的内容全面而广泛，为了避免漏检，应同时选择几个不同的数据库，如果需要检索的课题内容专业性很强，则可以选择专业文档进行检索。

（2）在同时有几个数据库可供检索的情况下，应首先选择比较熟悉的数据库。这样能够既快速又准确地查找到真正需要的信息。

（3）当几个数据库的内容交叉重复率较高时，应选择检索费用比较低廉的数据库。

4. 编制检索提问式

经过对课题内容做出分析，比较完整和准确地了解用户课题检索的主题内容和要求之后，接下来的工作就是制定检索提问式。在制定检索提问式时，事先应考虑到联机检索过程中可能出现的各种情况，准备几套不同的检索提问式，以便在上机过程中随时做调整用。编制检索提问式要尽可能地精练，不要编得太复杂。限制条件不要太多，否则会得不到理想的检索结果，一般应采用逐步加以限制的方法。在输入反映课题的检索词之后，如果检得的信息很少，就没有必要再检索下去。

第二节 计算机信息检索技术的实现

一、 初级和高级检索技术

（一）初级检索技术

1. 布尔逻辑算符

布尔逻辑检索指通过标准的布尔逻辑关系词来表达检索词之间逻辑关系的检索方法，也是现代信息检索系统中最常用的一种方法。

常用的布尔逻辑算符有3种：

（1）逻辑与（AND）：也可以写作“*”，表示它所连接的两个检索词必须同时出现在检索结果中才满足检索条件。使用逻辑与（AND），可以缩小信息的检索范围，提高检索的专指度。

（2）逻辑或（OR）：也可以写作“+”，表示它所连接的两个检索词中任意一个出现在检索结果中就满足检索条件。使用逻辑或（OR）可以扩大信息的检索范围，提高检索的查全率。

（3）逻辑非（NOT）：也可以写作“-”，表示它所连接的两个检索词中应从第一个概念中排除第二个概念。使用逻辑非（NOT），可用于排除不希望出现的检索词。它和逻辑与的作用相类似，能提高信息查准率。

2. 截词符

所谓截词，是指检索者将检索词在他认为合适的地方截断。截词检索，则是使用截词的一个局部进行检索的一种方法，即凡满足这个词截断部分中的所有字符（串）的信息，都为命中信息。截词检索也是一种常用的检索技术。

截词方式有多种，按截断的位置来分有后截断、前截断、中截断3种类型：

（1）后截断

后截断是将截断符号放置在需截字符的右方，以表示其右边不管截去有限个还是无限个字符，数据库中只要有与截词符前面部分字符串相同的信息，即为命中信息。后截断采用前方一致的检索方式。

（2）前截断

前截断恰好与后截断相反。前截断是将截词符号放置在一个字符串的左方，以表示其左边不管截去有限或无限个字符，只要数据库中具有与截词符号后面部分字符串相同的检索词的信息，即为命中信息。这种方式称为检索词的前截断，也称为后方一致。

（3）中截断

中截断又称“通用字符法”或“内嵌字符截断”。中截断把截断符号放置在一个检索词的中间，而不是字符串的左右两侧。中截断只允许有限截断。

检索系统提供上述不同类型的截词检索方法，不仅有助于扩大检索范围和提高查全率，而且还可以减少检索词的输入量，简化检索式，从而可以节省时间，降低联机费用。

3. 限制检索

在检索系统中，使用缩小和限定检索范围的方法称为限制检索。这是使用相当广泛的检索方法，用户可把检索范围限制在标题、URL 或超链接等部分。限定检索条件多种多样，包括主要和常用的有字段限制。

字段限制指的是这样一种检索方法，它规定限定检索词必须在数据库记录中规定的字数范围内出现，这样的信息才可视为命中信息。通常数据库中可供检索的字段分为基本字段和辅助字段。基本字段能反映信息的主要内容，包括题名、主题词、文摘；辅助字段与信息的主要内容无关，包括作者、信息类型、语种、出版年份等。每个字段通常使用一个以两个字母表示的字段代码表示。

4. 邻近检索

邻近检索（Proximity Search）是通过专门符号来规定检索词在结果中的相对位置。目前应用广泛的主要是 nW 和 nN 这两个关系。

①nW 关系要求所连接的两个检索词在结果中相互距离不超过 n 个词（在中文情况下不超过 n 个字），而且前后顺序不能颠倒。

②nN 关系的用途略逊一筹，也要求它所连接的两个检索词在结果中相互距离不超过 n 个词（在中文情况下不超过 n 个字），但前后顺序可以变换。

许多检索工具用更直接的方法来进行这类检索：这样。例如，“北京大学”这样的检索词将“北京的清华大学”“许多位于北京的大学”等结果排除在检索结果之外。

（二）高级检索技术

1. 加权检索技术

加权检索技术是对布尔检索的改进，可在既保障查全率，又保障查准率的前提下，按相关性排序输出检索结果，即相关度最高的信息资源排在最前，相关度最低的信息资源排在最后。

加权检索技术用“+”号或选择 must contain 表示某检索词“一定要出现”在检索结果中（如“+亚洲+金融风暴”，即检索结果中必须同时含有“亚洲”和“金融风暴”这两个词），用“-”号或选择 must not contain 表示某检索词“一定不能出现”在检索结果中，而不加符号或选择 should contain 表示某个检索词“可以出现”在检索结果中。

由于加权检索在网络信息检索上应用的时间较短，因此检索提问往往不能获得预期的效果。最突出的例子是如果在一个检索提问中使用了表示加权检索的或，其余未加符号的检索词在检索过程中的作用将被大大减弱。

另一加权（阈值）检索法，其基本思想就是对每个概念检索词加“权”，即赋予一定的数值，以表示它们的重要程度，系统也会相应地确定一个阈值。检索时，若数据库某条记录中存在这些检索词，就累计这些检索词的权值总和，使得数据库某条记录的权值等于或超过系统确定的阈值时，该记录即被检索命中。

2. 相关信息反馈检索技术

在检索过程中人们会发现某个结果非常符合自己的需要，因此希望能进一步检索到与该结果类似的结果，称为相关信息反馈检索。这种检索技术从已检得的信息中选取与检索提问相关的词语，作为下一轮检索的检索词。在网络环境中，相关信息反馈检索可由检索工具自动进行。利用相关信息反馈检索可使得人们获得的检索结果像滚雪球一样，越来越多。

3. 模糊检索技术

模糊检索允许被检索信息和检索词之间存在一定的差异。例如，用户以“中药使用”作为检索词，假如检索工具支持模糊检索，那么数据库中标引为“中药的使用”“使用中药”等词都能被检索到。

模糊检索还包括用户输入检索词时的输入错误，以及某些词汇在不同国家的不同形式。现在有的检索工具能进行纠正输入错误的模糊检索。

4. 概念检索技术

可借助于一个同义词表对用户输入的检索词自动添加同一概念的词汇集合（同义词、近义词、广义词和狭义词等），有助于提高查全率，但不会降低查准率。

（三）智能检索技术

1. 推拉技术

（1）信息推送模式（Information Push）

由信源主动将信息推送给用户，如电台广播。

主要优点是：及时性好，信源能及时地向用户推送不断更新的动态信息；对用户要求低，普遍适用于广大公众，不要求用户有专门的技术。

主要缺点是：针对性差，推送的信息内容缺乏针对性，不便满足用户的个性要求；信源任务重，信源系统要主动地、快速地、不断地将大量信息推送给用户。

（2）信息拉取技术（Information Pull）

由用户主动从信源中拉取信息，如数据库检索。

主要优点：针对性好，用户针对自己的需求有目的地去查询、搜索所需的信息；信源任务轻，信息系统只是被动地接受查询，提供用户所需的部分信息。

主要缺点：及时性差，当信源中信息更新变化时，用户难以及时拉取新的动态信息；对用户要求高，要求用户对信源系统有相应的专业知识，并掌握查询技术。

2. 智能推拉技术

为了进一步提高广大用户从 Internet 和数据库中获取所需知识和有用信息的效率，扩展 Internet 和数据库为各种用户提供主动的个性化信息服务的能力，应当在人工智能、知识工程与 Internet、数据库技术相结合的基础上，研究与开发智能信息推拉（Intelligent Information Push-Pull，IIPP）技术。

信息推送与信息拉取技术相结合，并将机器学习与知识发现的方法引入并应用于信息的推送和拉取的过程，可以提高 Internet 和数据库的智能水平，从而为广大用户提供高效率的主动信息服务，有助于用户发现有用的知识。

智能信息推拉技术具有以下特点：

（1）智能信息推送：应用人工智能和机器学习方法，可以识别和预测各种用户的兴趣或偏好，从而有针对性地、及时地向用户主动推送所需信息，以满足不同用户的个性化需求。

（2）智能信息拉取：应用知识工程的知识推理搜索方法，可提高搜索引擎的快速性和准确度，从而使用户能更及时地拉取所需的最新动态信息。

（3）信息拉取结合：信息推送与拉取相结合，可以取长补短，既能及时、主动地将最新信息推送给用户，又能有针对性、有选择性地满足用户的个性化需求。

（4）知识发现功能：采用知识发现的方法和技术，可以从“推送”及“拉取”的信息中提取有用知识，发现隐藏在大量数据中的内在规律。

3. 知识发现技术

人们通过“推拉”相结合的技术，可以从 Internet 或数据库中快速准确地获得大量信息，但是仍存在如何从大量信息中发现有用的知识这一问题。

知识发现（KDD）是在人工智能、机器学习与数据库、在线数据分析等相结合的基础上，近几年迅速发展起来的从数据中发现知识的方法和技术。

知识发现的过程一般可分为 3 个步骤。

（1）数据准备：包括 3 个子步骤。

①数据选取：从数据源中选取感兴趣的目标数据。

②数据预处理：消除噪声、估算缺损数据、删除重复数据等。

③数据变换：连续数据的离散化、数字化等。

（2）知识提取：根据知识发现的目的和要求，选用适当的数据挖掘算法，从数据中提取有用知识。

（3）解释评价：对所提取的知识进行解释和评价，并根据评价结果对数据准备、知识提取进行反馈校正，如重选目标数据、采用其他数据挖掘算法等。

4. 智能检索技术应用

随着计算机和手机的更新换代，网络被人们越来越广泛地使用，智能检索在多方面被用来帮助和方便人们的生活，例如渗透到人们生活方方面面的产品推荐、信息流推荐和音乐推荐等。

（1）产品推荐

当用户开始使用一个软件时，此软件可能会根据大数据计算后推荐用户使用与其相关或者出自同一设计公司的软件，这些软件可能刚好符合用户需求，也有可能并不是用户想要的。在产品推荐中广泛使用的协同过滤算法（Collaborative Filtering）的主要功能是预测和推荐。算法通过对用户历史行为数据的挖掘发现用户的偏好，基于不同的偏好对用户进行群组划分并推荐品味相似的商品，所以产品推荐同样也被应用于购物软件或购物网站，如淘宝、京东、亚马逊等购物网站。

（2）信息流推荐

信息流的广义定义是指人们采用各种方式来实现信息交流，从面对面的直接交谈直到采用各种现代化的传递媒介，包括信息的收集、传递、处理、存储、检索、分析等渠道和过程。信息流的狭义定义是从现代信息技术研究、发展、应用的角度看，指的是信息处理过程中信息在计算机系统和通信网络中的流动。信息流产品涉及领域非常多，包括内容库、用户画像、短视频、搜索、信息流广告等。其产品形态有以下几个特点：

①用户黏性强、使用时间长，利于广告曝光创造营收。例如，今日头条可以实现5s快速推广，锁定目标用户；10s更新用户模型，实现更加精准的广告投放。

②极大地拓宽了媒体拥有的广告位数量，同时避免对用户不必要的骚扰。同时，信息流结合传统广告模式与新媒体技术（大数据、人工智能、受众画像），通过优质媒体，主动向潜在的客户提供其易于接受的营销信息，为广告主们提供了全新的优质营销平台。

（3）音乐推荐

顾名思义，音乐推荐指根据算法分析用户以前的听歌记录，得出用户的音乐偏好，推荐用户可能感兴趣的歌曲。例如，网易云音乐主要是根据获取用户每日的听歌列表，在其“每日推荐”功能中优先推荐与这些歌曲相似的歌曲，若两日听歌风格差距较大，那么软件所推荐的歌曲风格也会差别较大。

虽然从总体上智能检索技术发展十分迅速，但不得不承认目前仍旧存在一些问题。例如：搜索引擎存在缺陷、智能化水平低导致用户搜索时出现不相干信息影响搜索体验；部分网站类目划分不合理；综合性搜索引擎大部分提供大众化服务，个性化服务较少，它们没有有效的手段准确理解用户个性化信息需求，不能提供长期主动的信息服务。为了解决问题，信息检索方面在未来还需要做很多努力，例如，必须具有能及时链接新增的信息、多途径检索功能等。相信在众多信息专家努力下，在信息检索与推荐领域将取得更大的突破，人们可以获取更多丰富的信息资源。

（四）自然语言处理技术

1. 自然语言处理和信息检索的关系

自然语言处理和信息检索发生联系与信息检索的计算机化及自然语言化有着直接的关系。信息检索是一种“语言的游戏”，为了从某信息集合中搜索出特定信息，检索者需构造合适的语言集合以作为提问。随着检索的计算机化和自然语言化，这项工作便从检索用户转移给检索系统内部，这就对检索系统提出了更高的要求，而自然语言的处理则使其应用成为必要与关键。

2. 自然语言处理技术分类

自然语言处理技术大致可分为机器翻译、语义处理及人机会话几方面。其中机器翻译（Machine Translation，MT）又称机译，是利用计算机把一种自然语言转变成另一种自然语言的过程。智能搜索引擎在这一领域的研究将使用户可以使用母语搜索非母语的网页，并以母语浏览搜索结果；语义处理通过将语言学的研究成果和计算机技术结合在一起，实现了对词语在语义层次上的处理；人机会话技术可以为计算机提供下一代的人机交互接口，实现从文字接口、图形接口到自然语言接口的革命；同时，在家用电器的人性化设计方面有着广泛的应用前景，其技术内涵主要包括语音识别、语音合成两个核心部分。

在语义处理的整个过程中，智能分词技术是最初的一个环节，它将组成语句的核心词提炼出来供语义分析模块使用。在分词的过程中，如何恰当地提供足够的词来供分析程序处理，并且过滤掉冗余的信息，这是后期语义分析的质量和速度的重要前提。尤里卡的智能分词避免了传统分词技术在拆分时产生的歧义组合，从而为语义处理提供了良好的原始材料。同时，在分词的过程中，知识库当中的同义词会被逐个匹配并同时提交给语义处理模块使用，这样处理过的句子，不仅提供了原始的句型，同时还搭载了语句的概念部分。

3. 自然语言处理在检索技术中的应用

随着互联网的迅速发展，网上信息呈现爆炸性增长，如何在庞大的互联网上获得有价值的信息已成为信息用户日益关注的问题。搜索引擎以一定的策略在互联网中搜集、发现信息，并对信息进行处理、提取、组织和处理，从而起到信息导航作用。

尽管搜索引擎在研发搜索技术方面已经花费了大量的时间和精力，但是目前的搜索引擎仍然存在不少的局限性，比如信息丢失、返回信息太多、信息无关等。

自然语言处理技术在机器翻译、语义处理及人机会话技术上的功能，赋予搜索技术更具人性化、方便易用的特点，因此，近年来它在搜索界得到了广泛的应用。无论是国内、国外的搜索引擎，都可以寻找到语义处理、机器翻译的踪迹。

目前在搜索引擎方面主要应用的自然语言处理技术是机器翻译与语义处理技术。应用了这些技术的搜索引擎称为智能搜索引擎。由于智能搜索引擎将信息检索从目前基于关键词层面提高到基于知识（或概念）层面，并对知识有一定的处理能力，因而具有信息服务的智能化、人性化特征。智能搜索引擎允许用户采用自然语言进行信息的检索，提供更方便、更确切的搜索服务。

与传统的分类检索、关键词检索模式相比，自然语言检索的优势体现在：一是使网络交流更加人性化；二是使信息检索变得更加方便、快速和准确。现在，已经有越来越多的搜索引擎宣布支持自然语言搜索特性。

实现智能搜索的过程主要分三部分：语义处理、知识管理和知识检索。其中，知识库是实现智能搜索的基础和核心。知识库提供的是语义处理中最终将要提供给用户的结果，在语义处理的整个过程中，智能分词技术是最初的一个环节，它将组成语句的核心词提炼出来供语义分析模块使用。在分词的过程中，如何恰当地提供足够的词来供分析程序处理，并且过滤掉冗余的信息，这是后期语义分析的质量和速度的重要前提。

加入了知识库处理技术的智能分词能够避免传统分词技术在拆分时产生的歧义组合，从而为语义处理提供了良好的原始材料。知识检索可以利用语义分析的结果，对知识库进行概念级的检索，对用户提出的问题给出准确度最高、相关度最强的检索结果。

二、信息检索技术的延伸——数据挖掘

（一）数据挖掘基本概况

1. 数据挖掘概述

数据挖掘（Data Minging，DM）是从大量的、不完全的、有噪声的、模糊的、随机的数据集中识别有效的、新颖的、潜在有用的，以及最终可理解模式的非平凡过程。数据挖掘也被称为“知识发现”。数据是形成知识的源泉，就好像从矿石中采矿或淘金一样。原始数据可以是结构化的，如关系数据库中的数据；也可以是半结构化的，如文本、图形和图像数据；甚至可以是分布在网络上的异构型数据。发现知识的方法可以是数学的，也可以是非数学的；可以是演绎的，也可以是归纳的。发现的知识可以被用于信息管理、查询优化、决策支持和过程控制等，还可以用于数据自身的维护。因此，数据挖掘把人们对数据的应用从低层次的简单查询，提升到了从数据中挖掘知识，提供决策支持。

数据挖掘是伴随着数据仓库技术的发展而逐步完善起来的，主要是为了处理大量的模糊和随机数据，以进行统计、分析、综合和推理后，寻找其后隐含的规律及事物间的相互关联，并对未来的活动进行预测，同时将其模型化，来完成辅助决策的作用。

2. 数据挖掘的基本原理

数据挖掘是从大量的、不完全的、有噪声的、随机的数据中，提取潜在有用的信息和知识的过程。数据挖掘源自人工智能的机器学习领域，是在一个已知状态的数据集上，通过设定一定的学习算法，从数据集中获取所需的知识。这些知识能够用于信息管理、智能查询、决策支持、过程控制以及其他方面。数据挖掘的最初对象是一些大型的商业数据库，它通过描述数据、计算统计变量（比如平均值、均方差等），并将这些变量用图表直观地表示出来，进而找出数据变量之间的相关性，简单地进行概括即发现知识，以提供解决问题的依据。随着数据挖掘技术在商业数据库中的成功应用，它又被迅速移植到电信、医疗保险等领域，而 Internet 的出现为它提供了一个更为广阔的空间。借用数据挖掘的原理来实现网络数据的深层挖掘，发现并组织网络知识，是将网络信息检索技术推向智能化高度的有效手段。

3. 数据挖掘技术的实现流程

（1）数据采样

从大量的数据中取出一个与挖掘目标相关的数据子集，通过数据样本的精选，不仅能减少数据的处理量，还能突出相关的规律性。数据采样的代表性和质量尤其重要。

（2）数据分析

数据分析的最终目的是要从采样中分析出多个因素相互影响的关系。这些关系需要经过仔细分析、观察和反复试验，先分析众多因素之间的相关性，再按其相关的程度了解它们之间相互作用的情况，从而重视数据分析呈现出的新关系。由于数据分析是一个反复尝试的过程，因此通过可视化的操作能有效提高数据分析的效率。如果数据可行，直接进入数据模型的建立，反之则需要进行数据调整。

（3）数据调整

在数据采样和分析实施之后，会更加了解数据的状态和趋势，需要调整的内容有：①需要重新对采样数据进行分析；②需要对问题进一步细化，要求审视采样数据集，看其是否适应建立数据模型。也可能按照对整个数据挖掘过程的新认识，组合或者生成一些新的变量，体现对状态的有效描述。这样才能对下一步数据挖掘应采用的技术手段更加明了。

（4）建立数据模型

这是数据挖掘工作的核心环节，需要采用数理统计方法、人工神经元网络和决策树等多种技术。最常用的主流技术手段是利用数理统计方法实现对各种不同类型模型、不同特点数据的回归分析，对多种试验设计模型的方差分析，以处理一般线性模型和广义线性模型、多变量统计分析、聚类分析、时间序列分析等。

（二）数据挖掘常用的技术

1. 决策树

决策树（Decision Tree）是以实例为基础的归纳学习算法，它着眼于从一组无次序、无规则的事例中推理出决策树表示形式的分类规则，采用自顶向下的递归方式，在其内部节点进行属性值的比较并根据不同的属性值判断从该节点向下的分支，并在决策树的叶节点得到结论。所以，从根到叶节点的一条路径就对应着一条合取规则，整棵决策树就对应一组析取表达式规则。基于决策树的学习算法的一个最大优点就是在学习过程中不需要使用者了解很多背景知识，只要训练例子能够用“属性-结论”式的方式表示出来，就能使用该算法来学习。

一棵决策树由三部分组成：节点、分支和叶子。将给定的训练集作为决策树的根节点，训练集中的记录具有标识类别的字段。用信息增益来寻找节点上具有最大信息量的字段，根据对该字段的不同取值建立该节点的若干分支，并为所有分支子集建立对应的节点。在每个分支子集中重复建立下层分支和节点，直到节点中所有记录的类别都相同为止。这样便生成一棵完整的决策树，然后把决策树的节点分裂过程转化为“如果…那么…”的规则，利用这些规则就可以对新数据进行分类。

2. 聚类

所谓聚类（Clustering）就是按照事务的某些属性，把事务聚集成类，使类间的相似性尽量小，类内相似性尽量大，正所谓“物以类聚”。用户想知道他们的客户中是否存在相似性，并以此划分消费群体，从而根据不同类型的客户提供更好的服务，以便更好地销售产品和开拓市场。聚类技术试图找出数据集合中的共性和差异，并将具有共性的元组聚合在相应类中。聚类技术可根据数据之间的差异将它们分组，从分组的图表中可以获得数据集中关于数据分组情况的知识。一旦将类划分完毕，分析人员就可以着手了解这些类之间的共性和差异。

3. 神经网络

神经网络（Neural Network）是一种很有效的预测模型技术。数据挖掘的重要问题之一是决策哪些属性是与要建立的模型最相关、最重要的属性，以便模型能尽量正确地进行预测。神经网络大致是根据人脑的组织和学习方式构成的。

神经网络中有两种重要的结构：

（1）节点：对应于人脑的神经元。

（2）连接：对应于人脑神经元之间的联系。

神经网络的工作原理是：它从左边的节点获得预测的属性值，对这些值进行计算后，在最右边的节点产生新值，而最右边节点的值就表示神经网络模型做出的预测值。作为预测模型，神经网络在商业界得到了广泛的应用。

4. 关联规则

关联规则通过挖掘大量数据项集之间的关联及相互联系，帮助制定商务决策。关联规则挖掘的一个典型应用是购物篮分析，通过分析顾客购物篮中的商品，从而分析顾客的购物习惯，并进一步分析哪些商品频繁地同时被顾客购买，帮助零售商指定营销策略。

关联规则的挖掘基于多维数据集。维度是多维数据集的重要属性，多维数据集的维度属性有多种类型：分类属性具有有限个不同值，值之间无序，如职业、颜色等维度是多维数据集的分类属性；量化属性是数值型，且值之间有某种隐含的序，如年龄、价格维度是多维数据集的量化属性。

第三节 多媒体信息检索

一、多媒体信息检索概述及关键技术

所谓多媒体（Multimedia）就是指多种媒体的混合物，它集成了文本、图形、动画、视频、声音等多种媒体。所以可以把其基本定义为：多媒体是运用计算机综合处理多种媒体信息（文本、声音、图形、图像、动画等），使多种信息建立逻辑链接，以交互方式表达信息的技术和方法。

（一）多媒体信息检索概述

1. 多媒体的特性

（1）集成性：能够对信息进行多通道统一获取、存储、组织和合成，在有限的区域内表达出更多更丰富的信息。

（2）多样性。多样性体现在两个方面：①信息媒体的多样性，人类对于信息的接收主要依赖于视觉、听觉、触觉、嗅觉和味觉 5 个感觉空间，其中前三者的信息量占了 95%以上。多媒体使得人们信息表达的方法和形式不再局限于文字和数字。②媒体处理技术的多样性，能处理包括文本、图形、图像、音频、视频、动画等信息，其处理方式又有一维、二维、三维技术。

（3）实时性：多媒体信息可以在时空上进行加工处理，把不同时间的信息合成到同一时间，如现场表演中不同时代的背景画面和音乐等；把不同地理空间的信息汇聚到同一地理空间，实现用户对多媒体信息的实时控制，如电话会议、文艺和体育的转播等。

2. 多媒体信息检索的定义

多媒体信息检索是指根据用户的需求，对文字、声音、图像、图形等多种媒体信息进行识别并获取所需信息的过程。目前有基于文本和基于内容特征的两种多媒体信息检索方式。

多媒体信息检索技术是把文字、声音、图像、图形等多种信息的传播载体通过计算机进行数字化加工处理而形成的一种综合技术。

3. 多媒体信息检索的方式

（1）基于外部特征的检索方式

第一，对多媒体信息进行人工分析，抽取反映该多媒体的物理特征和内容特征。这些特征包括多媒体的创建时间、创建人、创建地点等与内容无关的信息。

第二，对这些反映该信息外部特征的关键词进行文字著录或标引，建立类似于文本文献的标引著录数据库，从而将多媒体信息检索转变成对上述关键词的检索。在这种检索方式中，多媒体信息与数据库中的特定字段（如 VFP 中的通用字段、Access 中的 OLE 对象等）建立链接，从而可以通过检索这些数据库中的文本关键字段来获取多媒体信息。

（2）基于内容特征的检索方式

每一种多媒体数据都具有难以用符号化方法描述的信息线索。例如，图像中的颜色、对象分布，视频中的运动、事件、音频中的音调等。当用户希望利用这些信息线索对数据进行检索时，由于传统的数据库检索采用基于关键词的检索方式，一方面，在许多情况下媒体内容难以用仅有几个关键词来充分描述，而且作为关键词图像特征的选取也有很大的主观性；另一方面，用户很难将这些信息线索转化为某种符号的形式。

（二）多媒体信息检索的关键技术

1. 信息模型和表示

（1）基于关系模型，但加以扩充，使之支持多媒体数据类型或支持特定的应用。关系模型已十分成熟，但平坦化的信息模型不适于表达复杂的多媒体数据，文本、声音、图像这些非格式化的数据是关系模型无法处理的；简单化的关系也会破坏媒体实体的复杂联系，丰富的语义性超出了关系模型的表达能力。目前对关系模型的扩充主要从两方面进行：一是在数据类型、存储、存取方式、开发工具等较深层次上对 RDBMS 进行扩充以支持多媒体信息；二是针对某种应用，在现有 RDBMS 的基础上增加表现层，研制开发工具，实现人机界面的多媒体表现。

（2）基于面向对象的信息模型，实现对多媒体数据的描述和管理。面向对象的信息模型是多媒体数据库的一个主要研究方向，其封装和面向对象的概念、复杂对象管理能力，以及根据对象标识符的导航能力都适合多媒体信息的处理。但多媒体信息模型并非完全适合于多媒体数据处理，它也有局限性，主要表现为面向对象模型较为固定、不允许新的查询语言加入和对特殊问题进行查询优化。

（3）基于超文本的信息模型，超文本模型以线性顺序组织信息、节点和链路是其基本要素。在超文本信息模型中，信息的基本单位是节点，节点内的信息可以是文本、图形、图像、音频、视频和动画，甚至是一段计算机程序。链路表示节点之间的关系。这种信息模型对多媒体数据对象间的语义、时态及空间关系都会有较好的模拟，对数据的定义和操作更符合多媒体数据的复合性、分散性和时序性等特点。

2. 检索技术

检索技术是基于内容的检索，它利用图像处理、模式识别、计算机视觉、图像理解等学科中的一些方法作为部分基础技术，首先进行特征抽取，再计算其相似性。研究领域包括表达机制的研究、索引方法的研究、内容描述技术的研究等。例如，对于静止图像特征的提取包括颜色、形状、纹理等，甚至可以对图像的语义特征进行分析和提取。对于视频特征的提取包括分割、镜头组织、主运动估计、层描述等。

3. 信息压缩和恢复

数字化信息的数据量相当庞大，将给存储器的存储容量、通信干线信道的传输率（带宽）及计算机的处理速度增加极大的压力。解决这个问题单纯用增加存储器容量和通信信道的带宽及提高计算机的运算速度等方法是不现实的，多媒体数据压缩编码技术才是行之有效的方法。压缩编码技术是指用某种方法使数字化信息的编码率降低的技术，其核心工作就是去掉信息中的冗余，即保留不确定的信息，去除确定的信息（可推知的）。

4. 信息存储

多媒体存储多采用客户机/服务器模式。多媒体服务器首先需要的是海量存储系统，构成这样的系统可以采用光盘塔或者光盘库，这些外存储器系统一般都自带管理模块，可以让用户透明地访问庞大的存储空间。对于经常使用的资源，可以考虑采用硬盘的存储方式，以提高存取速度。数据磁带现在已经较少作为海量存储设备使用了，因为磁带在存储密度和永久度上已经无法和光盘相比。客户机/服务器系统还涉及多媒体信息的传送技术。图像一般是压缩传输的，可以采用递进式压缩格式，使用户在传输过程中就可以看到图像的局部或者低分辨率的全图，以减轻等待感。音频和视频的传输一般采用流技术，即边下载边播放的方式。

5. 多媒体同步技术

多媒体同步技术目的就是向用户展示多媒体信息时，保持媒体对象之间固有的时间关系。尤其是在采用客户机/服务器模式的系统中，各种媒体分布在不同的空间和时间里，将数据按时间顺序和空间缓冲区地址安排，恰当地组合起来。多媒体同步包含两类：一类是流内同步，其主要任务是保证单个媒体流间的简单时态关系，也就是按一定的时间要求传送每一个媒体对象，以满足感知上的要求；另一类是流间同步，主要任务是保证不同媒体间歇时间关系。

二、多媒体信息检索——图像检索

（一）图像数据的检索原理、方法与技术

1. 图像检索的原理

主要依据图像的画面内容特征和主题对象特征（即图像的实际内容）来标引和检索。这种技术依靠计算机自动抽取图像特征和编制特征索引，检索时依据用户输入的图像某一特征（例如绘制的草图、轮廓图或调用的相似图像）自动比较特征索引库中的对应特征信息，将最佳的匹配结果和相关信息输出。

2. 基于内容图像数据的检索方法

基于内容的图像检索中，实质上就是进行图像特征相似度的比较。目前常用的方法主要有两种：一种是几何模型方法，另一种是对比模型方法。前者将图像的特征视为坐标空间中的点，两点的接近程度常用它们的距离来表示，这种方法的一些公理条件的满足常常不很令人满意。对比模型方法与几何模型方法不同的是，实体不被看作特征空间中的点，而是把每一实体用一个特征集来表示。这一理论扬弃了几何模型的优缺点，提出了一个广泛的理论衡量方法，但是其理论色彩太浓，实用性不是很好。

上面谈论的检索主要是基于计算机方式的，但是很多时候计算机认为是相似的，而作为用户却并不认同，即计算机只能处理形式上相关的问题，而作为语用相关性的判断最终应由用户来完成。解决这一矛盾问题，一方面是改进上述检索方法；另一方面是增进人机之间的通信，计算机将查询结果提供给用户，用户将查询结果的反馈信息再传递给计算机，进行多次反馈检索，会增加用户检索结果的满意程度。

3. 基于内容图像数据的检索技术

（1）基于颜色特征的检索

对利用颜色特征进行图像检索要解决 3 个关键问题：颜色的表示、颜色特征的提取和基于颜色的相似度量。颜色特征是图像检索中使用最直观、最明显、最可靠的视觉特征，一般用直方图描述，已广泛应用于图像检索。基本思想就是将图像间的距离归结为其颜色直方图间的差异，从而图像检索也就转化为颜色空间直方图的匹配。直方图的横轴表示颜色的等级，纵轴表示在某一个颜色等级上具有该颜色的像素在整幅图像上所占的比例。根据图像的不同特点，采用不同的方法对图像进行预处理，把查询图像颜色直方图与图像库进行匹配产生查询结果。

由于人类不能像计算机显示器那样只使用红绿蓝（RGB）成分感知颜色，因此有必要

选择一个适合于人类视觉特征的颜色模型来改善检索效果。颜色模型 HSV 将彩色信号表示为 3 种属性：色调（Hue）、饱和度（Saturation）和亮度（Value），这种模型适合用户的肉眼判断。

但是，单纯的基于颜色直方图的图像检索方法没有保留原图的空间信息，毫无疑问是不够准确的。采用直方图特征计算比较简单，但它不能反映图像中对象的空间特征。两幅颜色直方图非常相近的图像其内容可能毫无相似之处。因此，在基于颜色的图像检索中引入空域信息对于确保检索精度是十分必要的。除了颜色直方图之外，其他的一些颜色特征表示方法有颜色矩、颜色集等。

基于颜色的查询主要有两种方式：一是直接示例查询法，即用户给出示例图像，系统通过提取示例图像的颜色特征与图像库中图像的颜色特征进行相似度比较，以得到颜色相似的图像；二是基于图像的颜色主色调进行查询。由于用户可以很容易地给出图像的一个或几个主色调（一般可通过调色板选择），将这些主色调作为查询的主要特征进行相似性匹配，以查找图像库中具有类似主色调的图像。例如，蓝色主色调往往是和大海与蓝天的图像相关的。如果用户想要查找大海的照片，则可以指定蓝色作为主色调。但主色调仅仅反映了图像的大致情况，由于人的肉眼的分辨率有限，一种主色调用于颜色检索误差是较大的。实验表明，对选定主色调的适当扩展在基于主色调检索中是非常有效的。另外，大多数图像可能包含两种以上主色调，如一幅大海和沙滩画面的图像，可能蓝色和黄色在画面中都很抢眼，则两种颜色都可以作为主色调。

（2）基于纹理特征的检索

作为图像的一个重要特征，纹理也是基于内容检索的一条主要线索，是图像中一个重要而且又难以描述的特性。很多图像在局部区域内可能呈现出不规则性，而在整体上却表现出某种规律性。习惯上把图像中这种局部不规则而整体有规律的特性称为纹理。

从色彩学角度看，纹理就是物体内部的灰度级变化明显且又不是简单的色调变化，它是所有的表面具有的内在特征，包括云彩、树木、砖、头发等，它包含了关于表面的结构安排及周围环境的关系。纹理特征是一种反映图像像素灰度级空间分布的属性，它适合用来描述和区分诸如山脉、草木、砖瓦、布匹等图像。从人类的感知经验出发，纹理特征主要有粗糙性、方向性和对比度，这也是用于检索的主要特征。纹理检索和纹理分类技术有着密不可分的关系。由于纹理是千差万别的，所以针对不同的应用系统常常需要设计不同的纹理分析方法。分析纹理的方法大致可分为两类：

①统计方法：用于分析木纹、沙地、草坪等细致而不规则的物体，并根据关于像素间灰度的统计性质对纹理规定出特征及参数间的关系。

②结构方法：适于像布料的印刷图案或砖瓦等一类元素组成的纹理及其排列比较规则

的图案，然后根据纹理基元及其排列规则来描述纹理的结构及特征、特征与参数间的关系。由于纹理难以描述，因此对纹理的检索都采用示例查询方法（Query by Exampl，QBE）。用户给出一个要检索的图像的例子，然后系统按照这个例子查找与它相似的图像，并将相似结果返回给用户，用户在这些相似的图像中确定或在此选择更接近用户查询的图像，最终达到检索的目的。

另外，为缩小查找纹理的范围，纹理颜色也作为一个检索特征，通过对纹理颜色的定性描述，把检索空间缩小到某个颜色范围，然后再以 QBE 为基础，调整粗糙度、方向性和对比度 3 个特征值，逐步逼近要检索的目标。

（3）基于形状特征的检索

形状是刻画物体的本质特征之一。很多查询可能并不针对图像的颜色，而是针对图像的形状。因为同一物体可能有颜色的区别，但形状却是一致的。对形状分析的基础是图像的边缘提取。边缘是图像分割的重要依据，图像边缘提取的好坏直接影响到形状的提取。一个好的边缘提取过程必须与滤波器配合使用。一个封闭的图像具有许多特征，如形状的拐点、重心、面积与周长比、长短轴比等。

形状特征是指整个图像或图像中子对象的边缘特征，采用该特征进行检索，用户可通过粗略地勾勒图像的形状或轮廓，或从图像库中选择某一形状或勾画一幅草图，利用形状特征或匹配主要边界，检索出形状相似的图像。

基于形状特征的检索方法有两种。

①分割图像经过边缘提取后，得到目标的轮廓线，针对这种轮廓进行的形状特征检索。

②直接针对图像寻找适当的矢量特征用于检索算法。

（二）基于图像内容的图像检索系统

1. VisuanlSEEK 和 WebSEEK

VisualSEEK 是一种视觉特性搜索工具，其姐妹系统 WebSEEK 是面向 WWW 的文本、图像和影像，因而是真正意义上的 Internet 多媒体信息检索工具。两者都是由哥伦比亚大学开发的。其主要研究的是图像区域的空间关系查询和从压缩域中抽取视觉特性。从分类、文本方式和内容特征 3 个方面对其进行了标引和整理，用户可从这 3 个方面对图像和影像进行检索。其中，基于内容特征的图像检索允许用户从图像的颜色、纹理、色彩构成等方面检索图像信息，并运用形状识别和相似性计算等方法，为用户提供更多的相关信息。系统还提供了包括动物、建筑、艺术、地理等 46 个主题的主题分类检索，用户可根据兴趣逐层浏览。检索结果以略图形式出现，单击略图可获得实际图像。

VisualSEEK 支持基于视觉特征和它们空间关系的查询。用户可以把顶部为红橙黄色区域、底部为蓝绿色区域的图像作为查询“日出”的草图。其优点在于高效率的 Web 图像信息检索，采用了先进的特征抽取技术，用户界面操作简单，查询途径丰富，输出画面生动，支持用户直接下载信息。

WebSEEK 是面向 Web 的搜索工具，包括 3 个主要模块：图像和视频收集模块、主题分类和索引模块、搜索浏览和检索模块。它支持基于关键字和视觉内容的查询，优点在于具有较强功能和特色，其本身就是一个独立的万维网可视化信息编目工具。用户可使用目录浏览和特征检索方式进行图像检索。

2. 百度识图

百度识图是百度图片搜索的一项功能。常规的图片搜索，是通过输入关键词的形式搜索到互联网上的相关图片资源，而百度识图则能实现用户通过上传图片或输入图片的 URL 地址，从而搜索到互联网上与这张图片相似的其他图片资源，同时也能找到这张图片相关的信息。

百度识图的主要功能有相同图像搜索、全网人脸搜索、相似图像搜索、图片知识图谱、插件等。

（1）相同图像搜索：通过图像底层局部特征的比对，百度识图可以寻找相同或近似相同图像，并根据互联网上的相同图片资源猜测用户上传图片的对应文本内容。从而满足用户寻找图片来源、去伪存真、小图换大图、模糊图换清晰图、遮挡图换全貌图等需求。

（2）全网人脸搜索：据统计，互联网上约 15%的图片包含人脸。为了优化人脸图片的搜索效果，百度识图引入自主研发的人脸识别技术，推出了全球第一个全网人脸搜索功能。该功能可以自动检测用户上传图片中出现的人脸，并将其与数据库中索引的全网数亿人脸比对并按照人脸相似度排序展现。

（3）相似图像搜索：基于百度领先的深度学习算法，百度识图拥有超越传统底层特征的图像识别和高层语义特征表达能力。从相似图像搜索，用户可以轻松找到风格相似的素材、同一场景的套图、类似意境的照片等，这些都是相同图像搜索无法完成的任务。

（4）图片知识图谱：知识图谱是下一代搜索引擎的趋势，通过对查询更精确的分析和结构化的结果展示，更智能地给出用户想要的结果。

（5）插件：浏览图片时直接截屏并发起识图搜索，省去了下载图片或复制 URL，并访问识图网站的麻烦，让识图体验更加完美。

三、 多媒体信息检索——视频检索

（一）视频检索概述

视频检索就是要从大量的视频数据中找到所需的视频片段。传统的视频检索通过快进或快退等顺序的方法进行人工查找，不仅耗时而且非常烦琐。这显然无法满足巨容量的多媒体数据库的要求。而用户则希望只要给出例子或者特征描述，系统就能自动检索到所需的视频片段点，即实现基于内容的视频检索。

1. 视频数据处理

视频数据是一个非结构化的二维图像流序列。要实现基于内容的视频检索，首先必须对这种非结构化的图像流进行处理，使之成为结构性的数据，才能提取各种特征从而达到基于内容检索的目的。

基于内容的视频处理包括视频结构的分析、视频数据的自动索引和视频聚类。视频结构的分析是指通过镜头边界的检测，把视频分割成基本的组成单元——镜头，视频数据的自动索引包括代表帧的选取及静止特征与运动特征的提取，形成描述镜头的特征空间，然后依靠这个特征空间来进行镜头内容的比较；视频聚类就是根据这些特征研究镜头之间的关系。也就是如何把内容相近的镜头组合起来，缩小检索范围，提高检索效率。

（1）镜头边界检测

镜头是视频数据的基本单元，视频处理首先需要把视频自动地分割为镜头，以作为基本的索引单元，这一过程称为镜头边界的检测。它是实现基于内容的视频检索的第一步。其核心处理是识别镜头的切换。镜头切换即一个镜头到另一个镜头的转换。镜头切换时，视频数据会发生一系列的变化，主要表现在颜色差异突然增大、新旧边缘的远离、对象形状的改变和运动的不连续性等方面。镜头边界检测的目的就是要寻找这些变化的规律。目前镜头边界检测通常采用计算帧间差的方法进行。帧是一幅静止的图像，是组成视频的最小单位，镜头就是由一系列帧组成的一段视频。一般而言，同一镜头内各帧之间差异较小，而不同镜头的帧之间差异较大。镜头边界检测方法主要有直方图法、模板匹配法、基于边缘的方法等几种。

（2）代表帧选取

视频分割成镜头后，要从每个镜头中抽取代表帧（R 帧）。代表帧是用于描述镜头的关键图像帧，反映一个镜头的主要内容。代表帧的选取一方面必须能够反映镜头中的主要事件，其描述应尽可能地准确、完全，另一方面数据量应尽量地小，同时计算不宜太复杂，以方便管理。选取代表帧的方法比较经典的是帧平均法和直方图平均法。帧平均法是从镜头中取所有帧在某个位置上像素值的平均值，然后将镜头中该点位置的像素值最接近平均值的帧作为代表帧；直方图平均法是将镜头中所有帧的统计直方图取平均值，然后选择与该直方图最接近的帧作为代表帧。这些方法计算比较简单，所选取的帧具有平均代表意义。但因为是从一个镜头中选取一个代表帧，因此无法描述有多个物体运动的镜头。一般来说，从镜头中选取固定数目代表帧的方法对于变化少的镜头来说选取的代表帧过多，而对于运动较多的镜头又不能充分描述，因而不是一种很好的方法。对此，有学者提出了选取多个代表帧的方法：一种是依据帧间的显著变化来选取，其方法是计算前一个代表帧与剩余帧之差，若差值大于选定的阈值，则再选取一个代表帧。这种方法可以根据镜头内容的变化程度选择相应数目的代表帧，但缺点是所选取的帧不一定具有代表意义。另一种是通过计算镜头中帧的每个像素光流分量的模之和作为这一帧的运动量，在运动量取局部最小值处选取代表帧，这种基于运动的方法可以根据镜头的结构选择相应数目的代表帧，能取得更好的效果。

（3）特征提取

视频分割成镜头后，就要对各个镜头进行特征提取，建立视频单元的自动索引。即提取镜头的颜色、纹理以及运动甚至高级语义等各种特征，形成描述镜头的特征空间，以此作为视频聚类和检索的依据。视频数据的特征又分为静态特征和动态特征。

（4）视频聚类

视频聚类是研究镜头间的关系，也就是如何把内容相近的镜头组合起来。根据聚类目的的不同，视频聚类可分为两类：一类是把同属一个场景的镜头进行聚类，以形成层次型的视频结构场景和电影。这种聚类不但要考虑镜头内容上的相似性，还要考虑其时间上的连续性，也就是说，虽然两个镜头内容很接近（特征向量之间的距离很小），但如果它们在时间上相距得很远，就不能认为它们属于同一个场景。另一类聚类是对视频进行分类。它只考虑特征相似性，而不考虑时间连续性。根据镜头的重复程度，视频一般可分为对话型、动作型和其他类型 3 类。对话型视频是指一段实际的对话或像对话一样由两个或多个镜头重复交替出现的视频；动作型视频则反映故事的展开，镜头不是固定在一个地点或跟随一个事件，因而很少发生镜头的重复。

2. 视频检索

提取视频图像特征后，还要建立基于视频特征的索引，索引是对特征库的快速访问，对于特征库中每个数据项，索引项包含关键属性值及可能直接访问该数据项的指针。通过索引，就可以进行基于内容的视频检索和浏览。基于内容的检索是一个近似匹配、逐步求精的循环过程，主要包括初始查询说明、相似性匹配、返回结果、特征调整等步骤，直至获得用户满意的查询结果。在基于内容的视频检索中，采用相似性度量对视频进行近似匹配，基于关键帧特征，或者基于镜头动态特征，或者将二者相结合进行查询。并且，这一查询过程可以迭代，通过人机交互，以系统可以接收的反馈重新搜索，从而得到更加满意的检索结果。

3. **视频浏览**

视频浏览一般采用分层结构和集束分类技术。分层浏览提供对视频任何点的随机存取，显示空间以镜头的代表帧表示，从而提供长视频内容的快速总览和存取。为了支持基于分类的浏览，需要使用集束算法，一般采用分层的集束算法。用关键帧和镜头特征对镜头进行集束分类，每一类别由相似内容的一组镜头组成。集束分类后，每类镜头用一个图标表示，显示在分层浏览器的高层上。这样，用户就可以大致知道每个镜头的内容，而不需要进入下一层次。

（二）视频检索关键技术

1. **镜头检测技术**

对视频进行有效的组织，需要将视频分解为基本单元，即镜头，一个镜头由一个摄像机连续拍摄得到的时间上连续的若干帧图像组成。基于内容检索的视频处理，先要把视频自动地分割为镜头，所以，镜头检测也可以视为一个分割问题。视频时域分割是进一步对视频进行分析的基础。目前对视频图像的时域分割大都是采用基于边界的方法，即设法确定从镜头到镜头的转换处，镜头之间的转换方式主要有两大类，即突变（切变）和渐变。

（1）突变检测

两个镜头间的突变是将两个镜头直接连接在一起得到的，中间没有使用任何摄影编辑效果。突变一般对应在两帧图像间某种模式的突然变化。对镜头突变的检测目前都采用类似图像分割中基于边界的方法，即利用镜头间的不连续性。这类方法有两个要点：一是对每个可能的位置检测是否有变化，二是根据镜头的变化特点确定是否是突变。

（2）渐变检测

渐变是许多镜头切换方式的总称，它的特点是整个切换过程逐渐完成，从一个镜头变化到另一个镜头常可能延续十几帧或几十帧。与突变只有一种不同，渐变有许多种。许多突变检测算法也可用来检测渐变。渐变也有自身的特点，所以也有许多专门用于渐变检测的方法。例如，考虑到渐变产生的步骤，先针对性地对渐变建模再应用模型检测的方法。基于模型的方法是利用对镜头编辑的先验知识，对各种镜头切换建立一定的数据模型，自上向下地进行镜头切换的检测。因此，这种方法对镜头渐变的检测往往能取得较好的效果。

2. 运动视频的检索技术

在镜头检测的基础上可对每个镜头提取关键帧，并用关键帧简洁地表达镜头。由于视频数据量巨大，在存储容量有限的情况下，通常仅存储镜头关键帧，可以收到数据压缩的效果。重要的是用关键帧来代表镜头，使得对视频镜头可以用基于内容的图像检索技术来进行检索。但是，视频中除了包括从每幅帧图像中可得到的视觉特征，如颜色、纹理、形状和空间关系等，还有运动的信息。运动是对序列图像进行分析的一种基本元素，它直接与空间实体的相对位置变化或摄像机的运动相联系。运动信息是视频数据所独有的，可用一组参数值或表示空间关系如何随时间变化的符号串来表示。运动信息表示了视频图像内容在时间轴上的发展变化，它对于描述理解视频内容具有相当重要的作用。

运动特征的提取和描述主要有两类方法：一种是考虑灰度元素的时间变化，从而计算各个像素的密集的光流；另一种方法是基于先提取目标一组稀疏的特征，如角点和显著点等，并在其后的帧内跟踪它们。

3. 镜头聚类技术

镜头分割常基于视觉特征进行，这表明镜头内容的语义信息尚未很好地利用，况且镜头主要还是一个物理单元，还不足以描述有语义意义的事件或活动。为此，需要对视频进行更高层的抽象，将内容上有关系的镜头结合起来，以描述视频节目中有语义意义的事件或活动。这个工作称为镜头聚类。类似于在镜头的检测中常采用发现镜头边界的方法，对镜头聚类的检测也常采取发现镜头聚类集合边界的方法。但在通用的情况下自动检测镜头聚类比检测镜头切换要困难得多，因为视频节目种类很多，它们中间的镜头聚类常含有特定的语义。所以，大多数镜头聚类检测方法都是针对某类特定视频节目的，这样可以利用专门的领域知识或结构知识。

4. 镜头边缘检测技术

当视频情节内容发生变化时，会出现镜头切换。由于视频镜头衔接方式的不同，镜头之间的切换有突变和渐变两种。突变是两个镜头之间最简单的切换，没有过渡。渐变指一个镜头向另一个镜头渐渐过渡的过程，没有明显的镜头跳跃，包括淡入淡出、溶化和擦洗等。

镜头的边缘检测是将原始连续视频流分割成长短不一的镜头单元，为后续视频分析处理提供基础。

5. 关键帧提取技术

视频数据中的很多图像帧之间都存在时间和空间的冗余度。如果能从视频数据中找出一些有代表性的帧（即关键帧），使用这些少量的帧来代表冗长的视频数据流，既简洁，又方便视频检索。代表帧（r 帧）是用来描述一个镜头的关键图像，它反映镜头的主要内容。如果镜头是静态的，则镜头内的任何一帧都可用作 r 帧，但是当镜头里有定位或许多对象移动时，应使用其他方法。

6. 基于关键帧的索引和检索

这是最常用的视频索引和检索方法。r 帧捕获镜头的主要内容，可以基于颜色、形状和纹理对 r 帧的特征进行抽取和索引。在检索过程中，将查询与 r 帧的索引或特征矢量进行比较。如果认为该 r 帧与查询相似或相关，则把它提交给用户。如果用户发现该 r 帧是相关的，则他可以通过播放方式来观看它所代表的视频片段。

四、 多媒体信息检索—音频检索

（一）音频检索概述

对声音进行数字化处理得到的结果称为音频。现有的声音数据库一般只允许用户把有限数目的文本关键字和描述赋予每个声音，而采用关键字进行检索。虽然音频（如音乐）可以用题名、作者或主题、分类来进行索引，但用户常常会要求用一段音乐旋律来检索乐曲。对于音频，基于内容的处理涉及音频信号的分析、自动语音识别等技术。索引可以基于韵律、和音、旋律以及其他的感知或声学特征。声音的一些感知特征有音调、响度、音色、带宽、谐音等，可以对这些特性进行示例和特征值检索，也就是采用一个或多个客观的声学参数，或者输入一个参考的声音，要求系统检索相似或不相似的声音可以承载很大的信息量，是生活和工作中一种不可或缺的信息媒体。声音媒体是除视觉媒体外最重要的媒体，占总信息量的 20%左右，语音和音乐是最常见的声音媒体。对声音进行数字化处理得到的结果称为音频。对于音频，需要通过听觉特征进行检索。

声音其实是一种正弦波，故具有振幅、频率、相位等特性。但由于声音是能感觉到的媒体，因此声音具有物理和心理两种属性，并且是相互关联的。物理属性与波形有关，包括声强、频率、声波复合、谐波结构等属性。心理属性则与感觉有关，且因人而异，包括强度、音调、音色、音量、和谐等属性。

1. 音频预处理

音频有别于一般数据，本身是一种正弦波，检索前需要进行预处理或进行媒体转换，以提取音频特征或文本描述。

（1）语音识别

语音是与文字一一对应的，区别只在于语言不同，文字不同，所以如果把语音识别出来变成文字，就可以借助于常规的信息检索技术进行检索处理，或者进行其他操作（如人机交互），这就是语音识别的初衷。语音识别技术（Automatic Speech Recognition，ASR）是音频处理的重点研究领域。对于基于内容的音频信息检索，则首先应提取数据的音频特征，而后对音频特征进行匹配，从而进行音频数据的分类和检索。

（2）关键词识别

关键词识别是指在给定音频数据中查询少量特定的单词或短语。它可以通过对需要的关键词和填充模型进行 HMM（Hidden Markov Model，隐马尔可夫模型）训练，以使其与每一个单词匹配。相对于大词汇量识别系统，关键词识别系统既精确，计算量又小，而且对于实际的语音数据有较大的弹性。

（3）大词汇量语音识别

不同于关键词识别，大词汇量识别将大量的语音数据转换成文本形式。然而，单纯对所有单词建立 HMM 模型的大词汇量识别有一些缺点：如果单词不在语音词典中，将无法识别；需要建立语言模型，而且要有大量的文本训练集。有鉴于此，一般采用“子单词”方法，将单词分段，而不是对数以千万计的单词建立 HMM 模型。这样只需要用到几百个基于音节的子单词模型，将几个子单词合在一起就可构成完整的单词。另外，针对不同语言的特点，需要研究各单词的出现概率。ASR 的一个优点是，大多数需要的音频数据是已知的，故可以离线操作。然而，ASR 系统的一个很大的缺点在于它的准确率较低。对于特定的领域，即使是最好的连续语音识别系统也只能达到 90%左右的准确率。而对现实的任务如电话对话或新闻广播，只能有 50%~60%的准确率。

（4）说话者检测

说话者检测是音频处理的重要领域，可用于进行语音数据的对齐和视音频的聚类。相对于语音识别而言，说话者检测是比较简单而实用的技术。即不管说的是什么，而只注意是谁说的。应用说话者识别进行多媒体数据流的分段是一个很有前途的领域。

（5）音频特征与提取

在进行音频检索之前，先要提取音频特征。音频有其自身的特点和属性，在音频数据中提取特征有两种方法：一是提取感性特征，如音高、响度；二是计算非感性属性或称物理特性，如对数倒频谱系数、线性预测系数。特征提取多在频域进行，故先对音频数据进行加窗处理，加窗大小为几至几十微秒，然后对加窗后的数据即每一帧做离散傅里叶变换（DFT），实际上常用快速傅里叶变换（FFT），最后应用不同算法计算相应的特征。下面是几个常见的特征。

①响度：这是较常用的感性属性特征。计算应在时域进行，一般是对每帧数据取平方和，然后计算其平方根。此方法与人耳的频率响应无关。

②音调：这是与频率有关的感性属性。

③过零率：两个相邻取样值有不同符号时，便出现“过零”现象。单位时间过零的次数称为“过零率”。过零率应用极广，尤其在语音识别方面。过零率高的区段对应于清音或无声区，因此时噪声相对较高，过零率低的区段对应于浊音。可见，过零率是区别清音与浊音、有声与无声的重要标志。

2. 基于内容的音频检索系统

自然界的声音极其广泛，如音乐声、风雨声、动物叫声、机器轰鸣声等，要从数以千万计的音频数据中提取所需的信息，常规的基于文本检索方法是行不通的，这就需要新的技术。图像检索要提取颜色、纹理等特征，视频检索要提取关键帧特征；同样，只有从广泛的音频数据中提取特征信息，才能对不同音频数据进行分类和检索，这就要用到基于内容检索的方法。

音频检索第一步是先建立数据库：对音频数据进行特征提取，将音频数据装入数据库的原始音频库部分，将特征装入特征库部分，通过特征对音频数据聚类，将聚类信息装入聚类参数库部分。建立数据库以后就可以进行音频信息检索。音频检索主要采用示例查询（Query By Example，QBE）方式，用户通过查询界面确定样本并设定属性值，然后提交查询，系统对样本提取特征，结合属性值确定查询特征矢量，而后检索引擎对特征矢量与聚类参数集进行匹配，按相关性从大到小的顺序在特征库和原始音频库中提取一定数量的相应数据，并通过查询接口返回给用户。其中，原始音频库存放的是音频数据，特征库存放音频数据的特征，按记录存放，聚类参数库是对音频特征进行聚类所得的参数集，包括特征矢量空间的码本、阈值等信息。

（二）音频检索方法

1. 音频分类

在音频检索应用中，常需要对音频数据分类。音频分类和聚类是两个不同的概念：聚类指特征空间的分割，根据音频特征和需要将样本分成个数不定的类；而分类则是判断一个给定样本所在的类别。音频分类一般采用相似性检索的方法，即计算音频特征的距离。距离可采用欧几里得距离或其他相应的距离定义。

比较常见的聚类方法是采用平均矢量量化方法。应用此种方法要先将带标识的数据加窗处理，对每帧数据提取音高、响度、亮度、带宽属性，而后对属性序列计算其均值、方差和其相关值，加上能量共 13 个特征，最后采用平均矢量量化的方法将其分配到矢量空间的特定区域中。要确定某数据的类别，计算其与各码本间的距离，距离最小的码本所在的类即为所求。检索一个数据则提取矢量空间中与它最近的 N 个点。

还有一种基于树状结构的方法：对带标识的数据加窗后计算其特征，而后采用基于最大相互信息（Maximum Mutual Information，MMI）树的方法将矢量空间分成 L 个不相交的区域，然后根据各集在区域中的分布生成模板。计算欲检测数据与模板间的距离即可进行分类和检索。

2. 音频检索的方法

对音频进行检索，可有多种检索方法：

（1）基本属性检索

这与普通的文本检索基本相同，查找诸如文件名、大小、生成时间等一般属性，或取样率、声道数等音频属性。

（2）特征值检索

用户指定某些声学特性的值或范围用于检索。例如，查找能量大于某值的音频数据（检索所有特性值 p_0 大于 0.9 和特性值 p_1 小于 0.2 的声音），这是较高层次的检索。

（3）示例匹配检索（QBE）

用户提交或选择一个示例声音，针对某个或某些特性，检出所有与示例相似的声音。这是最高层次的检索方法，也最常见。例如，给定一段“雨声”数据，查找与“雨声”相似的音频数据。

（4）浏览检索法

用某种或某些特性对声音分类或分组，把声音的内容分割成若干可独立利用的节点，即可以任意顺序通过链路检索到所有相关的信息。

3. 数据库组织与索引

音频数据库可以综合关系数据库和多媒体数据库的优点，在高层采用如上所述的方法，底层采用已很成熟的关系数据库，这样可以借助其完善的数据库组织、事务处理和高效的底层关系检索功能，中间可以应用 ODBC 接口，构成一个完整的系统。

至于数据库记录，主要包含以下内容：

（1）一般属性，如文件名、格式、大小、日期等。

（2）音频属性，如声道数、取样率、持续时间等。

（3）特征属性，如声强、能量、带宽等。

实际应用时，常加入索引、聚簇以提高检索效率。由于音频特征比较多，常采用 B 索引结构。

第五章 大数据存储、处理和挖掘

第一节 大数据存储

一、非结构化数据

非结构化数据是指数据库的二维逻辑表不能表示的数据，包括各种格式的办公文档、电子邮件、文本、图片、XML、HTML，各种报表、图像和音视频信息等。非结构化数据具有异构性和多样性，具有多种格式，包括文本、文档、图形、视频等。

（一）分布式文件系统

1. 分布式文件系统概述

随着大数据时代的到来，需要提供一个高性能、高可靠性、高可用性和低成本的存储系统来满足不同业务和数据分析的需要。分布式文件系统具有高可扩展性、高可靠性、高可用性和低成本等特点，是解决大数据问题的有力武器。

分布式文件系统是指文件系统管理的物理资源不是本地资源的事实。应用最广泛的传统分布式文件系统是 NFS（Network File System），其目的是使计算机共享资源。在其发展过程中，计算机工业的迅速发展、廉价的 CPU 和客户机/服务器技术促进了分布式计算环境的发展。但是，在处理器价格下降时，大型存储系统的价格仍然很高，因此必须采取一定的机制，使计算机能够在充分发挥单处理器性能的同时，共享存储资源和数据，所以 NFS 诞生了。

20 世纪 90 年代初，随着磁盘技术的发展，单位存储成本不断下降。Windows 的出现极大地促进了处理器的发展和微型计算机的普及。随着 Internet 的出现和普及，网络中实时多媒体数据传输的需求和应用越来越普遍。

随着大数据时代的到来，数据处理已迅速转移到并行技术，如集群计算和多核处理器等，以加快并行应用的发展和广泛应用。这种并行技术的应用解决了大多数计算瓶颈，但将性能瓶颈转移到存储 I/O 系统。随着主流计算转向并行技术，存储子系统也需要转移到并行技术。当从较少的客户端访问相对较小的数据集时，NFS 结构工作良好，直接连接内存带来了显著的好处（就像本地文件系统一样）。也就是说，多个客户端可以共享数据，任何具有 NFS 功能的客户端都可以访问数据。然而，如果大量客户端需要访问数据或数据集太大，NFS 服务器很快就会成为瓶颈，从而影响系统性能。

分布式文件系统的开发具有高可扩展性、高可靠性、高可用性和低成本的特点。与传统的分布式文件系统的区别如下：

（1）对于大规模集群系统，机器的故障是正常的。应该将分布式文件系统中任何组件的故障或错误视为正常，而不是抛出异常。

（2）支持系统扩展，任何节点的意外停机不影响文件系统的正常工作。

（3）将文件操作分为控制信息路径和数据路径，提高了文件访问性能。

2. 分布式文件系统技术架构

在传统的分布式文件系统中，所有的数据和元数据都通过服务器存储在一起，这种模式通常被称为带内模式。随着客户端数量的增加，服务器成为整个系统的瓶颈，因为系统中的所有数据传输和元数据处理都必须通过服务器，不仅单个服务器的处理能力受到限制，存储容量也受到磁盘容量的限制，而磁盘 I/O 和网络 I/O 限制了系统的吞吐量，出现了一种新的分布式文件系统存储区域网络，它将应用服务器与存储设备直接连接起来，大大提高了数据传输能力，减少了数据传输延迟。在这种结构中，所有应用服务器都可以直接访问存储在 SAN 中的数据，元数据服务器只能提供关于文件信息的元数据，从而减少了数据传输的中间环节，提高了传输效率，减少了元数据服务器的负载。每个元数据服务器都可以向更多的应用服务器提供文件系统元数据服务，这种模式通常被称为带外模式。区分带内模式和带外模式的主要依据是文件系统元数据操作的控制信息是否与文件数据一起通过服务器传输。前者需要服务器转发，后者可以直接访问。

分布式文件系统主要有两种技术体系结构：一种是元数据服务器的中心体系结构，即元数据服务器负责管理文件系统的全局命名空间和文件系统的元数据信息；另一种是无中心架构，即所有服务器都是用户的接入点，每个服务器节点负责管理部分名称空间和元数据，用户可以通过任何服务器访问文件的内容。

3. 分布式文件系统关键技术

（1）元数据集群

分布式文件系统采用控制流与数据流分离的思想。元数据服务器负责管理整个文件系统的所有元数据信息和数据存储服务器的集群信息等关键信息。因此，如果元数据服务器失败，整个文件系统将无法继续为用户服务。单节点元数据服务器的处理能力和存储容量是有限的。随着系统数据量的增加，元数据服务器的处理能力将成为制约系统规模的瓶颈。

一个常见的解决方案是元数据服务器使用主/备份模式，也就是说，在正常情况下，主元数据服务器负责处理所有请求和管理整个分布式文件系统，并定期将所有信息同步到备份元数据服务器。如果主服务器失败，备份服务器将接管主服务器，不需要中断用户服务，但可能会丢失一些尚未与备份服务器同步的数据。这种方法只能在一定程度上解决元数据服务器的单点故障问题，但不能解决系统规模问题。因此，具有较高可扩展性的元数据服务器集群已成为分布式文件系统设计中的关键技术。

（2）可靠性技术

可靠性是存储系统的一个重要指标。为了提高分布式文件系统的可靠性，采用了不同的策略。有两种常见的方法：多个副本和 EC 编码。多副本模式易于理解，这意味着数据以多个相同的副本（如 GFS）存储在系统中，这通过使用多个副本来确保可靠性。

（3）重复数据删除

重复数据删除是一种先进的无损压缩技术，主要用于减少存储系统中的数据量。在备份存档存储系统中，重复数据删除技术可以达到 20：1 或更高的数据压缩比。数据存储大幅减少了对存储空间的需求，降低了存储设备的购买成本，也降低了物理存储资源的管理和维护成本。

总之，重复数据删除技术利用了文件系统中文件之间和文件内部的相同和相似之处，它们的粒度可以是文件、数据块、字节甚至是位。处理粒度越细，冗余数据删除越多，存储容量越大，但计算开销越大。重复数据删除的主要功能如下：

①有效地节省有限的储存空间。重复数据删除技术大大提高了存储系统的空间利用率，节省了存储系统的硬件成本。

②减少冗余数据在网络中的传输。在网络存储系统中，重复数据删除技术可以减少重复数据的网络传输，节省网络带宽。

③在广域网环境下，消除冗余数据传输的好处更加明显，也有利于远程备份或灾难恢复。

④帮助用户节省时间和成本。它主要体现在数据备份/恢复速度的提高和存储设备的节省上，具有很高的性价比。

（4）文件系统访问接口

数据访问是存储系统的重要组成部分，包括数据访问的接口定义和具体的实现技术。标准的访问接口可以屏蔽存储系统之间的异构性，使应用程序能够以统一的方式访问不同的存储系统，提高存储系统的适用性和兼容性，从而支持更多的应用。

便携式操作系统接口由 IEEE 发起，由 ANSI 和 ISO 标准化。其目标是提高各种 UNIX 执行环境之间应用程序的可移植性，即确保在重新编译后 POSIX 兼容的应用程序能够在任何符合 POSIX 的执行环境中正确运行。

POSIX 文件接口规范是 POSIX 标准的一部分。它是一组简单实用的标准文件操作规范。它已经成为本地文件系统的行业标准，拥有大量的用户，并且具有良好的兼容性。

传统的应用程序可以在 Linux 或 Windows 等 POSIX 兼容的执行环境中运行，因此实现 POSIX 兼容的云存储数据访问方法可以保证传统应用程序能够透明地访问云存储资源。与 Internet 小型计算机系统接口相比，POSIX 只定义了文件操作的接口规范，而不关心文件的数据组织，使得云存储系统的数据管理更加灵活。

POSIX 实际上规范了执行环境和应用程序之间的接口，符合 POSIX 接口规范的执行环境和应用程序可以无缝集成。在 Linux 执行环境中，虚拟文件系统是执行环境的一部分，符合 POSIX 接口规范。因此，云存储系统的数据访问方法只要满足 VFS 编程规范，同时又符合 POSIX 标准，大大简化了云存储系统访问方法的设计和实现。

（二）对象存储系统

1. 对象存储系统概述

大数据时代给存储系统的容量、性能和功能带来了巨大的挑战，主要表现在大容量、高性能、可伸缩性、共享性、适应性、可管理性、高可靠性和可用性等方面。市场上没有满足所有这些要求的解决办法。基于对象的存储技术是快速升级存储需求的一种很有前途的解决方案，它集合了高速、直接访问 SAN 和安全、跨平台的 NAS 共享数据的优点。

传统的文件系统架构将数据组织成目录、文件夹、子文件夹和文件的“树结构”。文件是与应用程序关联的数据块的逻辑表示形式，也是处理数据的最常见方式。传统文件系统存储在一个文件夹中的文件数量在理论上是有限的，只能处理简单的元数据，这将给处理大量类似的文件带来问题。

随着存储复杂度的进一步提高，下一代 Internet 和 PB 级存储的大规模部署迫切期待面向对象存储技术的成熟和大规模应用。基于对象的存储技术提供了一种新的基于对象的设备访问接口，在性能、跨平台能力、可扩展性、安全性等方面，SAN 的块接口与 NAS 的文件接口有很好的折中，成为下一代存储接口标准之一。

2. 对象存储系统技术架构

对象存储系统以对象作为最基本的逻辑访问单元。每个对象由唯一的对象访问，形成一个平面命名空间。典型的对象存储体系结构采用哈希算法来管理基于全局唯一 OID 的对象存储，具有全局负载均衡和快速定位对象存储节点的优点。

3. 对象存储系统产业地位

（1）Amazon S3

Amazon S3 是一个简单的存储服务，为用户提供对象操作语义。用户使用 S3 存储和读取对象操作。Amazon 有一个简单的 Web 服务接口，可以随时随地访问网络上的数据。Amazon 使用高度可伸缩、可靠、快速和廉价的数据存储基础设施来运行自己的全球网站网络，允许任何开发人员访问相同的数据存储基础设施。服务通过最大限度地扩大规模并向开发人员提供利益而受益。

Amazon S3 设计的典型特性如下：

①可扩展性。Amazon S3 可以在存储容量、请求频率和用户数量方面进行扩展，以支持无限数量的 Internet 应用程序。规模是 S3 的一个优势，向系统中添加节点将提高系统的可用性、速度、吞吐量、容量和鲁棒性。

②可靠性。实现了数据的持久化存储，可用性为 99.99%。没有单一的失败点。所有系统故障都可以在不停机的情况下被容忍和修复。

③速度快。Amazon S3 的响应必须足够快，以支持高效的应用程序。相对于 Internet 延迟，服务器端的延迟不能很大。

④价格低廉。Amazon S3 使用廉价、通用的硬件结构。节点故障是常见的，但它们并不影响整个系统的操作。该系统必须是硬件独立的，因为亚马逊一直在努力减少基础设施开销。

⑤简单。构建一个高度可伸缩、可靠、快速和廉价的存储，而 Amazon 构建了一个系统，使应用程序在任何地方都很容易使用。

（2）Open Stack SWIFT

Open Stack SWIFT 是一个具有高可用性、分布式和最终一致性的对象/二进制大型对象存储仓库。它也是一个具有内置冗余和故障转移功能的无限可伸缩存储系统。对象内存提供了大量的应用程序，例如数据、服务图像或视频的备份或存档（来自用户浏览器的流式数据）、二次或三级静态数据的存储、开发新的数据存储应用程序、在预测存储容量困难时存储数据、为基于云的 Web 应用程序创造灵活性和灵活性。

SWIFT 用于在 PB 级别存储可用数据，支持 REST 接口，并提供类似于 S3 的云存储服务。它不是文件系统，也不是实时数据存储系统，而是为永久静态数据设计的长期存储系统，可以检索、使用和更新。SWIFT 没有主节点作为主控制器，这反过来提供了更大的扩展性、冗余性和持久性。

二、（半） 结构化数据

（一）No SQL 数据库系统

1. No SQL 数据库系统概述

如今，非关系数据库已经成为一个非常流行的新领域，相关产品也得到了迅速的发展。传统的关系数据库已经不能适应 Web 2.0 网站，尤其是规模大、并发性高的 Web 2.0 动态网站。它暴露了许多无法克服的问题，包括以下要求：

（1）数据库的高并发读写要求。Web 2.0 网站不能利用静态动态页面技术生成动态页面并根据用户个性化信息提供动态信息，因此数据库并发负载非常高，往往达到每秒数万次请求。关系数据库几乎无法处理数以万计的 SQL 查询，但对于数以万计的 SQL 写入数据请求，硬盘 I/O 再也负担不起了。事实上，对于普通的 BBS 站点来说，也需要高并发的写入请求。

（2）对海量数据高效存储和访问的需求。对于大型 SNS 网站，每天都会有大量的用户动态。

（3）对数据库的高可扩展性和高可用性的要求。在基于 Web 的体系结构中，数据库是最难水平扩展的，当用户和访问应用程序系统的数量增加时，数据库通过添加更多的硬件和服务器节点来扩展性能和加载不如网络服务器和应用服务器。对于许多需要不间断服务的网站，升级和扩展数据库系统可能很麻烦，通常需要停机维护和数据迁移。为什么不能通过不断添加服务器节点来扩展数据库？

在上述的“三高”要求面前，关系数据库遇到了不可逾越的障碍，而对于 Web 2.0 网站来说，关系数据库的许多主要功能往往没有机会发挥自己的才能。

（1）数据库事务处理的一致性。许多 Web 实时系统不需要严格的数据库事务，对读取一致性的要求很低，在某些情况下对写入一致性的要求也不高。因此，在数据库负载较高的情况下，数据库事务管理成为一个沉重的负担。

（2）数据库的实时写入和读取。对于关系数据库，查询后立即插入一段数据，当然可以读取数据，但对于许多 Web 应用程序，它不需要如此高的实时性。

（3）复杂的 SQL 查询，特别是多表关联查询。任何一个数据量大的 Web 系统都是很多大型表关联查询的禁忌，而复杂的 SQL 报表查询是复杂数据分析类型，特别是 SNS 类型网站的禁忌，因此从需求和产品设计的角度出发，避免了这种情况。通常情况下，单个表的主键查询和单个表的简单条件分页查询大大削弱了 SQL 的功能。

关系数据库已不再适用于这些越来越多的应用场景，解决这类问题的非关系数据库应运而生。

No SQL 是非关系数据存储的广义定义，打破了关系数据库和 ACID 理论长期统一的局面。No SQL 数据存储不需要固定的表结构，通常不存在连接操作。大数据在访问大数据方面具有关系数据库无法比拟的性能优势。

2. No SQL 数据库系统关键技术

（1）数据模型和操作模型

在存储数据模型上，No SQL 放弃了关系模型，遵循“无模式”原则。现有的 No SQL 数据模型分为四类：键值（键值对）、面向列（列）、面向文档（文档类型）、面向图（图类型）。在复杂性方面，键值对>列>文档类型>图，而缩放则相反。这四个数据模型基本上可满足 90%的应用场景。对于采用哪种数据模型，应根据应用场景的不同特点进行选择。

（2）区分

由于单机存储容量的限制和单机的过载，分区将数据分配到不同的节点上，使得数据能够分布在各个节点上，提高了数据的承载能力。

通常，并发请求随着数据量的增加而增加。当数据库 I/O 性能不足时，有两种解决方案：第一种是通过增加内存、增加硬盘等方法来提高单台计算机的硬件处理能力，这种方式叫作扩大规模；第二种方法是通过增加节点的存储容量来分担负载。扩展模式明显受到硬件条件的限制，不可能不加限制地增加硬件来提高性能。理论上，扩展方法可以达到线性扩展的效果，即如果机器加倍，那么承载能力就应该加倍。划分技术是扩展技术的实现，要解决的问题是如何将数据分布在不同的节点上，以及如何在每个节点上均匀地分配数据的读写请求。

许多 No 也是基于数据的键，并且键的某些属性决定键值存储在哪台机器上。No QL 中使用的划分方法一般有两种：一种是随机分区，即数据在每个节点上随机分布，最常用的是一致散列算法；另一种是连续范围划分方法，该方法将数据按键的顺序分布在每个节点上。描述了以下两种划分方法：一致性散列算法和范围划分方法。

①一致散列算法

一个好的哈希算法可以保持数据的均匀分布。一致性哈希算法通过对简单哈希算法的改进，解决了网络中的热点问题。它是主流的分布式散列算法之一。

②连续范围划分法

若要使用连续范围分区方法对数据进行分区，需要保存一个映射表，该表指示哪些键值对应于哪台机器。类似于一致的哈希算法，相邻范围划分方法将键值分割为连续范围，指定每个数据段存储在一个节点上，然后冗余备份到其他节点。与一致性哈希算法不同的是，连续范围划分使得两个相邻的数据存储在同一数据段中，因此数据路由表只需记录某一段数据的起始点和结束点。

通过动态调整数据段与机器节点之间的映射关系，可以更准确地平衡各节点的机器负载。如果一个区段有较大的数据负载，负载控制器可以通过缩短它负载的数据段或直接减少它所负载的数据段的数量来减少它所负载的数据段的数量。通过添加监视和路由模块，可以更好地负载平衡数据节点。连续范围划分优于哈希分区，而且由于数据路由表中的路由信息是连续排序的，因此更容易实现范围查询。

（二）分析数据库系统

1. 分析数据库系统摘要

数据为王是大数据时代的特征，如何有效地从数据中挖掘价值是一个亟待解决的问题。挖掘数据的价值在于对数据进行分析。数据仓库技术是数据分析和管理的一种手段。因此，在大数据时代，数据仓库提供了前所未有的机遇。

大数据量使得数据仓库在数据管理系统中的地位显得尤为重要，同时，由于许多数据仓库产品采用关系数据库作为存储和管理的重要核心组件，面临着许多挑战。如系统在海量数据下的可扩展性、非结构化数据的处理以及对分析的实时响应等。

2. 分析数据库系统关键技术

数据仓库系统通常由源数据层、数据采集层、数据存储层、数据应用层、元数据管理层等组成。

（1）数据采集层可以提取、转换和加载多个业务系统的数据。这些处理步骤也称为ETL过程。

（2）数据存储层负责数据的存储和管理。由于数据仓库系统对业务系统收集的大量历史数据进行管理，并在数据平台的基础上建立起大量的应用程序功能，如查询、报表、多维分析等，这就要求数据存储层不仅能够有效地存储和管理大量的业务数据，而且能够提供高效的查询访问效率。

（3）数据应用层是数据仓库系统的窗口，它将系统存储的大量数据有效、清晰、灵活地呈现给业务用户。借助数据应用层提供的分析和显示功能，可以帮助业务人员高效、方便地进行数据段的统计和分析。数据应用层几乎也是业务人员与数据仓库的唯一接触点。

（4）元数据的功能是管理和存储数据的定义和描述。元数据可分为两类：一类是业务元数据，它从业务角度描述数据仓库中的数据，为用户和实际系统提供语义层，使不懂计算机技术的业务人员能够在数据仓库中“读取”数据。另一是技术元数据，它存储有关数据仓库系统技术细节的数据，并用于开发和管理数据仓库中使用的数据。业务用户和技术用户可以借助元数据管理提供的功能和应用程序，更有效地理解和使用数据仓库数据。

第二节　大数据处理

一、离线数据处理

分布式计算框架（执行层）是云平台的关键组件之一，它基于分布式存储（存储层）。它的功能是封装计算并行性、任务调度和容错、数据分配、负载平衡等为上层应用程序提供计算服务。语言层是服务接口的封装，SQL 语言的编程接口提供给用户，不同计算框架的类 SQL 编程语言是不同的。

（一）Map Reduce（Hadoop 0. 20. 2）

Map Reduce 是 Google 提出的并行计算框架。它可以在大量的 PC 机上并行执行大量的数据采集和分析任务，并对如何并行执行任务、如何分配数据、如何容错、如何延迟网络带宽等问题进行编码。封装在库中的用户只需要执行数据操作，而不必担心复杂的细节，如并行计算、容错、数据分布、负载平衡等等。同时，它为上层应用程序提供了一个良好而简单的抽象接口。

1. 系统体系结构

Map Reduce 计算框架属于主/从体系结构。它有两个守护进程，Job Tracker 和 Task Tracker，其中 Job Tracker 是主进程，Task Tracker 是从进程。Task Tracker 调用 Job Tracker 的进程远程完成通信，但 Job Tracker 通常只响应 Task Tracker 请求，并不主动发起通信。Job Tracker 按其功能可分为六个模块：

（1）作业请求：向用户实例分配唯一的作业 ID（Job ID）。

（2）提交职务：为用户实例提供提交任务的界面。

（3）任务初始化：创建作业（作业）对象、创建作业地图和减少任务队列。

（4）作业调度：映射和减少任务调度。

（5）作业监控：作业、任务状态、作业计数器值等。

（6）任务和节点失效处理：任务重新调度、任务/作业失败、任务/作业删除。

任务跟踪器根据其功能可分为五个模块。

（1）连接维护：定期检查与 Job Tracker 的连接。

（2）任务请求报告：定期向 Job Tracker 发送心跳消息，检查本地任务的数量和本地磁盘的空间使用情况，并向 Job Tracker 报告任务执行的状态和是否可以接受新任务。

（3）数据 I/O：MAP/Remote 数据输入和 Map/Reduce 数据输出。

（4）任务失败处理：将错误报告发送给 Task Tracker，Task Tracker 发布任务槽。

（5）任务执行：配置运行环境，启动 Java 虚拟机的（Java Virtual Machine，JVM）进程，并运行 Map/Reduce。

2. **容错**

Map Reduce 允许数据错误、节点内进程错误和 Task Tracker 节点故障，但目前 Map Reduce 无法避免 Job Tracker 故障的一个点。当发现错误时，Job Tracker 会重新安排任务（在无法重新调度单个任务时被放弃）以实现容错。

Task Tracker 定期检查和清除以下任务：①无响应的任务；②空间溢出任务；③文件系统错误；④Reduce 任务的洗牌错误；⑤JVM 错误。然后将错误任务的 ID 反馈给 Job Tracker。

Job Tracker 需要处理文件系统错误和 Reduce 任务的执行错误，其中文件系统错误通常是由任务失败引起的。当 Job Tracker 发现任务执行失败时，它会重新安排任务的执行时间，如果任务失败 4 次（系统默认 4 次，可以配置），则将任务标记为不可恢复。如果不可恢复的任务达到某个极限值，则任务被标记为不可恢复，其所有任务，包括已执行任务和未执行任务，都将被删除。

当 Job Tracker 发现节点故障时，它会重新安排该节点上所有未完成的任务并完成 Map 任务。完成的减少任务不需要重新安排时间，因为它的结果保存在 HDFS 中。

3. **任务分配与调度**

Map Reduce 配置三个任务调度程序：FIFO 调度器、优先级调度程序和公平调度程序。目前，默认的是 FIFO 调度程序。

（1）FIFO 调度器是 Map Reduce 早期版本采用的策略。每个作业都可以使用整个集群，所以作业必须等到轮到它运行为止。当出现空闲资源时，后一个作业只能在当前作业不需要该资源时才能使用该资源。

（2）优先级调度器在 FIFO 调度器的基础上引入了优先级策略。通过设置 mapred. job. priority 属性或者利用 set Job Priority 方法设置作业的优先级，先执行优先级最高的作业的任务，但是，优先级并不支持抢占。

（3）公平调度器。对于映射任务和减少任务，Task Tracker 有固定数量的插槽。Task Trackere 默认为两个 Map 插槽和两个缩减插槽（即两个 Map 任务和两个精简任务可以同时运行），并且可以根据 Task Tracker 核心的数量和内存大小来配置槽数。

在默认情况下，每个用户都有自己的池。用户池的最小容量可以由 Map 中的插槽数来定义，或者可以设置每个池的权重。

公平调度程序支持抢占。如果某个池在一定时间内得不到资源的公平分配，则公平调度程序将终止过多资源的作业，并将时间分配给资源不足的池。

（二）Pregel

许多实际应用涉及大型图形算法，如 Web 链接关系和社会关系图。这些应用程序具有相同的特性：图的规模很大，通常达到数十亿个顶点和数万亿个边。这对需要高效计算的应用程序提出了巨大的挑战。

1. 构建一个专用的分布式框架：每次引入新的算法或数据结构都需要付出很大的努力。

2. 在现有的分布式平台 Map Reduce 的基础上，存在一些易用性和性能不适用于图形算法的问题（图形算法更适合于消息传递模型）。

3. 单机不能适应问题规模的扩大。

4. 现有的并行图模型系统没有考虑大型系统的容错等更重要的问题。

Google 针对这类问题提出了一种迭代计算框架——Pregel，它可以在每次迭代时从前一次迭代中接收信息，并将信息传输到下一个顶点。在修改自身状态信息的过程中，以顶点作为状态信息的起点，或者改变整个图的拓扑结构。同时，Pregel 具有高效率、可扩展性和容错性等特点，并隐藏了分布式的细节，只向用户展示了一个强大的性能，易于编程的大型图形算法处理计算框架。

Pregel 计算系统的灵感来源于 Valiant 提出的大型同步模型。Pregel 计算由一系列迭代组成，每个迭代都称为 Super Step。在每个步骤中，计算框架调用每个顶点的用户定义函数。

1. 系统体系结构

Pregel 是为 Google 的集群架构设计的。每个集群都包含数千台机器，它们被组合在多个机架上，内部通信带宽非常高。集群在内部是相互关联的，但在地理上是分布的。该系统提供了一个名称服务系统，因此每个任务都可以通过逻辑名称标识绑定到机器上。

（1）节点维护。每个计算节点都有一个全局唯一的节点 ID，该节点维护主节点内的计算节点列表，记录每个计算节点的 ID、地址信息和节点生存状态。

（2）数据分布。Pregel将输入数据分解为多个分区，每个分区包含从这些顶点开始的顶点和边，默认的分区函数只使用顶点IDMo7V。主节点将这些分区分配给计算节点，每个节点可以有一个或多个分区（类似于一致的散列）。主节点上的计算节点列表还记录节点上的分区分布。

（3）全局同步。主节点负责全局同步，称为障碍同步。主节点向所有计算节点发送相同的指令，然后从每个计算中等待节点的响应。如果任何计算节点失败，主节点进入恢复模式；如果障碍同步成功，主节点将添加全局超步骤的索引并进入下一个超级步骤。

（4）通知节点备份数据。在每个步骤的开始，主节点通知计算节点将计算节点上的分区状态保存到持久存储设备，包括顶点值、边界值和接收的消息。

（5）错误恢复。主节点确定计算节点是否与ping消息错误。如果计算节点在一定时间内没有接收到ping消息，则计算节点上的计算终止。如果主节点在一定时间内没有收到来自计算节点的反馈，则该节点将被视为失败。主节点将这些节点上的分区重新分配给其他可用的计算节点。此外，主节点还保存整个计算过程的统计数据以及整个图的状态，如图的大小、输出程度的直方图、活动顶点数、当前Super Step中消息传输的时间以及所有用户定义的聚合。主节点运行内部HTTP服务，该服务显示对此数据信息的监视。

2. 就业效率

Pregel的数据输入是一个有向图，有向图的每个顶点都有一个唯一的ID，一些属性可以修改，其初始值由用户定义。每个有向边缘与其源顶点相关联，具有用户定义的属性和值，并记录其目标顶点的ID。

在每个步骤中，顶点被并行地计算，每次执行相同的用户定义的函数。每个顶点可以修改自己的状态信息或启动信息，计算上一步中接收的消息，然后将结果作为消息发送到其他顶点供下一步使用，或者修改整个图的拓扑。

（1）应用主节点向主节点提交任务，主节点计算数据资源分配和计算节点资源。

（2）主节点告诉哪些计算节点参与计算，这些节点保持分区的顶点状态。

（3）计算节点获取数据。

（4）数据准备完成后，通知主节点。

（5）主节点通知越级启动。

（6）计算节点以实现消息的异步传输，并接收来自其他节点的消息。

（7）计算和通信完成后，通知主节点。

（8）主节点收到所有计算节点完成的消息后，通知计算节点报告活动节点数。

（9）如果活动节点数为零，则任务完成；否则，将通知所有计算节点数据备份。

（10）计算节点完成数据备份后，通知主节点。

（11）主节点通知下一步开始并返回到步骤（6）。

Pregel 程序的输出是所有顶点输出的集合。通常，Pregel 程序的输出是一个与输入同构的有向图，但并不一定是这样，因为在计算过程中可以添加和删除顶点和边，例如聚类算法。为了满足需要，可以从一个大图中选择几个不连通点；图挖掘算法只能输出从图中提取的聚合数据等。

3. 容错

Pregel 的容错性由检查点（检查点）保证。在每个步骤的开始，主节点通知计算节点将分区的状态（包括顶点值、边界值）和接收到的消息保存到持久存储设备。主节点还周期性地保存聚合值。

主节点通过周期性 ping 消息确定计算节点是否错误。如果计算节点在一定时间内没有接收 ping 消息，则计算节点上的计算终止。如果主节点在一定时间内没有收到来自计算节点的反馈，则该节点将被视为失败。

当一个或多个计算节点失败时，分配给这些计算节点的分区的状态信息将丢失。主节点将这些分区重新分配给其他可用的计算节点，这些计算节点在步骤开始时从检查点重新加载这些分区的状态信息。此步骤可能在失败的计算节点上运行的最后一步之前，此时需要重新执行几个丢失的步骤。检查站的频率也应以一定的策略为基础，以平衡检查点的成本和恢复执行的成本。

（三）Dryad

Dryad 和 Dryad LINQ 是微软硅谷研究所创建的研究项目，主要用于提供基于 Windows 操作系统的分布式计算平台。Dryad LINQ 提供了一个高级语言接口，它使普通程序员很容易进行大规模的分布式计算，结合了微软的 Dryad 和 LINQ 两项关键技术，并用于在平台上构建应用程序。

1. 系统体系结构

Dryad 系统的建立是为了支持有向无环图类型数据流的并行程序。Dryad 的总体框架根据程序的要求完成调度，并自动完成对每个节点的任务操作。在 Dryad 平台上，每个 Dryad 工作被表示为有向无环图，每个节点表示要执行的程序，节点之间的边缘表示数据的传输。

Dryad 系统框架组件如下。

（1）任务管理器（Job Manager，JM）中每个任务的执行：由任务管理器控制，任务管理器负责实例化任务的工作图，调度集群上节点的执行，监视每个节点的执行并搜集一些信息，通过重新执行提供容错；根据用户配置策略动态调整工作图。

（2）群集（集群）：用于执行工作关系图中的节点。

（3）命名服务器（NAME Server，NS）：负责维护集群中每台机器的信息。

（4）维护过程（P Daemon，PD）：进程监控和调度。

当用户使用 Dryad 平台时，他们需要在任务管理节点上创建自己的任务。每个任务包括若干进程和这些进程中的数据传输。在任务管理器获得无环图之后，它已经为程序的输入通道做好了准备，并在机器可用时进行调度。任务管理器从指定的服务器获取可用计算机的列表，并通过维护过程安排程序。

2. 就业效率

Dryad 通过基于有向无环图的策略建模算法为用户提供了一个清晰的编程框架。在此编程框架中，用户需要将其应用程序表示为有向无环图，节点程序表示为串行程序，然后使用 Dryad 方法组织这些程序。在分布式系统中，用户不需要考虑节点的选择，节点和通信的错误处理方法简单明了，内置在 Dryad 框架中，满足分布式程序的可扩展性、可靠性和性能要求。

Dryad 使用虚拟节点来解决分布式并行问题。根据机器的性能，一个真实的物理节点可能包含一个或多个虚拟节点（逻辑节点）。任务程序可以分为两个相等的部分（每个都是一个虚拟节点），远远超过了资源的数量。现在假设有 S 资源，那么每个资源承担 O/S 相等的份额。当一个资源节点离开系统时，它所负责的相等份额将被重新分配到其他资源节点，当一个新节点被添加时，它将从其他节点“窃取”到一定数量的等量共享。

Dryad 执行过程可以看作是一个二维管道流处理过程。在每个节点可以有多个程序执行的情况下，通过该算法可以同时处理大规模数据。

微软的 Dryad 类似于 Google 的 Map Reduce 映射原则，但区别在于 Dryad 通过 Dryad LINQ 实现了分布式编程。通过使用 Dryad LINQ 编程，普通程序员编写的大型数据并行程序可以轻松地在大型集群中运行。Dryad LINQ 开发的程序是一组序列 LINQ 代码，它可以对数据集执行任何副作用的操作，编译器会自动将部分数据并行转换成并行执行计划，由底层的 Dryad 平台计算。这将生成每个节点要执行的代码和静态数据，并为需要传输的数据类型生成序列化代码。

Dryad LINQ 使用了与 LINQ 相同的编程模型，并扩展了少量的操作符和数据类型，用于数据并行分布式计算。NET 强类型对象。对通用命令式和声明式编程（混合编程）的支持使 LINQ 代码或数据（Treocodeasdata）的性质永久化。

二、 实时数据处理

数据的值随着时间的推移而减少，因此必须在事件发生时立即进行处理。最好在数据出现时立即处理它，并且发生单个事件，而不是分批缓存。这就是计算流量的原因。

实时搜索、高频交易、社交网络等新应用的出现，将传统的数据处理系统推向了极限。这些新的应用要求流计算解决方案是可扩展的，可以处理高频数据流和大规模数据。虽然 Map Reduce 等分布式批处理技术可以处理越来越多的数据，但这些技术并不适合于实时数据处理，也不能简单地将 Map Reduce 转换成一个实时计算框架。实时数据处理系统和批量数据处理系统在需求上有本质的区别，这主要体现在消息管理（数据传输）上。实时处理系统需要维护一个由消息队列和消息处理器组成的实时处理网络。消息处理器需要从消息队列中获取消息以进行处理，更新数据库，向其他队列发送消息，等等。主要体现在以下几个方面。

1. 消息处理逻辑代码的比例很小。它主要涉及消息框架的设计和管理，需要配置消息发送的位置，部署消息处理器，部署中间消息节点。

2. 健壮性和容错性：所有消息处理程序和消息队列都需要保证正常运行。

③可伸缩性：当消息处理程序达到阈值时，必须将数据分流，并配置新的处理程序来处理分流的消息。

（一） Store

Store 是 Back Type 开发的分布式容错实时计算系统，它托管在 Git Hub 上，遵循 Eclipse Public License 1.0。Storm 为分布式实时计算提供了一组通用的原语，就像 Map Reduce 框架中的 Map 和 Reduce 一样，它可以用于“流处理”、实时处理消息和更新数据库。

Storm 的主要特征如下。

①简单规划模型。与 Map Reduce 类似，它降低了并行批处理的复杂性，而 Storm 降低了实时处理的复杂性。

②可以使用多种编程语言。可以在 Storm 上使用多种编程语言，默认情况下支持 Clojure、Java、Ruby 和 Python。要增加对其他语言的支持，只需实现一个简单的 Storm 通信协议。

③Storm 管理工作流程和节点中的故障。

④水平膨胀。计算在多个线程、进程和服务器之间并行执行。

⑤可靠的消息处理。Storm 确保每条消息至少被完整地处理一次。当任务失败时，它负责重新尝试来自消息源的消息。

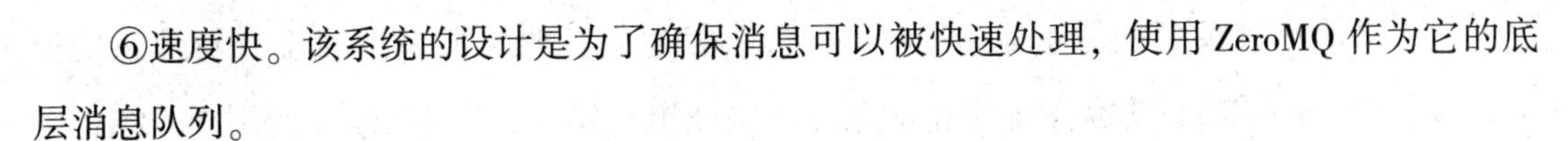

⑥速度快。该系统的设计是为了确保消息可以被快速处理，使用 ZeroMQ 作为它的底层消息队列。

⑦局部模式。Storm 有一个“本机模式”，在处理过程中完全模拟 Storm 集群，允许快速开发和单元测试。

1. 系统体系结构

Storm 系统体系结构簇由一个主节点和多个工作节点组成。主节点运行一个名为“Nimbus”的守护进程来分配代码、分配任务和排除故障。每个 Work 节点运行一个名为“Supervisor”的守护进程，用于侦听工作、启动和终止工作流程。Nimbus 和 Supervisor 都可以快速恢复并处于无状态，因此它们变得非常健壮，它们之间的协调是由 Apache Zoo Keeper 完成的。

2. 工作原理

Storm 术语包括消息流、消息源、消息处理程序、任务、工作流程、消息分发策略和拓扑。消息流系统是指正在处理的数据，消息源是源数据，消息处理程序是处理过的数据，任务是在消息源或消息处理程序中运行的线程，工作进程是运行这些线程的进程，消息策略指定消息处理程序作为输入数据接收到什么。

（1）计算拓扑

实时计算应用程序的逻辑封装在 Storm 中的拓扑对象中。除非用户显式终止 Storm 拓扑，否则该拓扑将始终运行。一个拓扑是消息源和消息处理程序的有向图，其中大多数是有向无环图，而连接消息源和消息处理程序的是 StreamIE。

（2）消息流

消息流是 Storm 中最关键的抽象，它是一个无限元组（Tuple）序列。消息流的定义主要是消息流中元组的定义，即元组中每个字段的定义（类似丁数据库中的表和属性）。元组的字段类型可以是整数、长、短、字节、字符串、双、浮点、布尔和字节数组。

每个消息流都定义了一个 ID。Output Fields Declarer 定义了允许在不指定 ID 的情况下定义流的方法，在这种情况下，Stream 将具有默认的 ID。

（3）消息来源

消息源是拓扑中的消息生成器。通用消息源从外部源读取数据并向拓扑发送消息。源可以是可靠的，也可以是不可靠的。可靠的消息源可以重传消息，而不可靠的消息源不能重传消息。

消息源可以发出多个消息流，使用 Out Fields Declarer. ramre Stream 定义多个消息流，然后使用 Spout Output Collection 发送指定的消息流。

消息源类中最重要的方法是 nexttuple，或者发送新消息，或者返回没有新消息的消息。请注意，nextTuple 方法不能阻止消息源（块吐出）实现，因为 Storm 调用同一线程上所有消息源的方法。

另外两个更重要的源方法是 ack 和 Failure。Storm 通过 ack 和 Failure 保证拓扑可靠性（容错），在成功处理消息时调用 ack 标记数据处理（类似于断点）的过程，如果消息处理失败则调用失败恢复。

（4）消息处理程序

消息处理逻辑封装在消息处理器中，如过滤、聚合、查询数据库等。复杂的消息流处理通常需要经过许多步骤，即通过多步消息处理器。消息处理程序可以简单地传递消息流，或者它们可以发送多个消息流，使用 Output Fields Deder Randre Stream 定义消息流，并使用 Output Collection. emit 选择要传输的消息流。

消息处理程序的主要方法是执行，它以消息作为输入，消息处理程序使用 Output Collection 来传输消息。消息处理程序必须为它处理的每一条消息调用 Output Collection 的方法。通知 Storm 消息处理已完成。一般过程是消息处理程序处理输入消息，发出零条或多条消息，然后调用 ack 通知 Storm 消息已被处理，Storm 提供一个 IBasicBolt 调用来自动进行 ack。

（5）消息分发策略

①混乱组：在消息流中随机分发消息，确保每个消息处理程序接收的消息数量相同。

②字段组：按字段（如 userid）分组，将具有相同 userid 的消息分配给相同的消息处理程序，而将不同的 userid 分配给不同的消息处理程序。

③所有组：广播发送，对于每条消息，所有消息处理程序都将接收。

④全局组：将消息分配给 Storm 中的一个消息处理程序的任务之一的全局分组，该任务分配给 ID 的最低值。

⑤Non 组：不分组，即消息流不关心到底谁会收到它的消息。目前这种分组和 Shuffle 组是一样的效果，有一点不同的是 Storm 会把这个消息处理者放到其订阅者的线程里面执行。

⑥直接分组：直接分组，这是一种相对特殊的分组方法，它意味着消息的发送方指定消息由接收方的任务处理。只有声明为 Direct Stream 的消息流才能声明此分组方法，并且必须使用 emit Direct 方法发出消息。消息处理程序可以获得通过 Topology Context 处理其消息的 Task ID。

（6）可靠性

Storm 保证每项任务将在拓扑上全部完成。Storm 跟踪每个消息源任务生成的任务树（另一条消息处理程序在处理一项任务后可以发送另一条消息，从而形成一棵树），跟踪该任务树，直到该树被成功处理为止。每个拓扑都有一个消息超时设置，如果 Storm 未能在此时间内检测到消息树的成功执行，则拓扑将消息标记为执行失败并重新发送消息。

为了利用 Storm 的可靠性，必须在发送新消息和处理消息时通知它。这是由 Output Collection 完成的。通过其发出方法生成新消息，并通过其 ack 方法通知消息处理。

（7）任务

每个消息源和消息处理程序都在整个集群中执行多个任务。每个任务对应于一个线程，而 Stream 组定义如何从一个任务触发消息到另一个任务。可以调用 Topology Builder. set Spout 和 Top Builder. set Bolt 来设置并行度以确定有多少任务。

（8）工作过程

拓扑可以在一个或多个工作过程中执行，每个过程执行整个拓扑的一部分。对于并行性为 300 的拓扑，如果使用 50 个辅助进程，则每个辅助进程将处理其中的 6 个任务。Storm 尽可能均匀地为所有工作过程分配拓扑。

（二）S4 分布式流计算平台

S4 是雅虎发布的通用、可扩展、部分容错和插件式分布式流计算平台。在这个平台上，程序员可以轻松地开发处理流数据的应用程序。

雅虎开发 S4 的主要目的是处理用户反馈：在搜索引擎的广告中，用户点击的可能性是根据当前情况（用户偏好、地理位置、查询和点击）来估算的。

S4 的设计目标如下。

①采用分散、对称的结构：无中心节点和特殊功能节点（易于部署和维护），提供简单的编程接口。

②设计了一个由通用硬件组成的高可用性、良好可扩展性的集群。

③尽量减少延迟：使用本地内存，尽量避免磁盘 I/O。

④可插接结构，满足一般用户需求。

⑤设计思想应更友好：易于编程，更灵活。

但是，S4 集群不允许添加或删除节点，在发生故障时允许数据丢失，并且不考虑系统的负载平衡和健壮性。

1. 系统体系结构

S4 提供客户端（客户端）和适配器（适配器），供第三方客户端访问 S4 集群，S4 集群构成 S4 系统的三个组件，即客户机（客户端）、适配器（适配器）和简单的可伸缩流处理系统集群。这三个部分通过通信协议发送和接收消息，客户端与适配器之间的交互采用TCP/IP协议，适配器与S4集群之间的交互采用UDP协议。

为了使整个集群体系结构满足业务需求，S4体系结构的设计考虑了以下几点：

（1）S4系统体系结构的代理模式。为了在公共机器集群上处理分布式处理，并且在集群中没有共享内存，S4体系结构使用Actor模式，它提供封装和地址透明性语义。因此，在允许大规模并发的同时，它还提供了一个简单的编程接口。S4系统通过处理单元进行计算，并且消息以数据事件的形式在处理单元之间传输，PE消费事件发出一个或多个可由其他PE处理的事件，或直接发布结果。每个PE的状态对于其他PE是不可见的，PE之间唯一的交互方式是发出事件和使用事件。该框架提供了将事件路由到适当PE并创建新PE实例的能力。S4设计模式与封装和地址透明性兼容。

（2）集群的P2P点对点体系结构。为了简化部署和操作以获得更大的稳定性和可伸缩性，S4使用了对等结构，集群中的所有处理节点都相同，没有中央控制。该体系结构将使集群具有很强的可扩展性，在理论上可以处理节点总数无上限的问题，同时，S4不存在单一的容错问题。

（3）通用模块的可插拔特性。

（4）S4系统是用Java开发的，采用了非常丰富的模块化编程。每个通用功能点尽可能抽象为一个通用模块，并尽可能多地定制每个模块。

2. 关键部件

（1）Client

S4中的所有事件流都由客户端触发。Client是S4提供的第三方客户端，它通过驱动程序组件与Adapter进行交互，并通过Adapter从S4集群接收或发送消息。

（2）适配器

适配器负责与S4集群交互，接收客户端发送到S4集群的请求，监听S4集群返回的数据并发送给客户端，使用TCP/IP协议提高客户端与适配器之间通信的可靠性。与S4集群的交互是基于UDP协议来提高传输速率的。

适配器也是一个集群，具有多个Adapter节点，客户端可以通过多个驱动程序与多个Adapter通信，这确保了当单个客户端分发大量数据时，Adapter不会成为瓶颈。它还确保系统支持多个客户端应用程序并发执行的速度、效率和可靠性。

第三节　大数据挖掘

一、并行数据挖掘

（一）并行数据挖掘概览

随着数据挖掘的数据结构由简单到复杂，数据规模由小到大，数据挖掘软件的发展经历了单机计算、集群计算、网格计算等几个阶段。目前，它已经进入了并行计算、分布式计算和网格计算相结合的云计算时代。云计算技术保证了海量数据挖掘的准确性和效率，具体体现在以下几个方面：

1. 云计算建立了虚拟存储系统，实现了分布式数据资源的集中管理和统一管理，而虚拟云存储管理系统的建立是为数据挖掘提供数据资源的有效保证。

2. 云计算建立了迁移策略和负载平衡系统。迁移策略系统考虑了数据传输对网络负担和节点负载的影响，通过集中管理为海量数据挖掘提供了效率保证。

3. 云计算提供任务并行化管理，如建立并行任务通信机制、并行任务调度机制、并行任务故障恢复机制等，从而保证并行数据挖掘的有效性和效率。

（二）系统架构

云计算平台的并行数据挖掘系统的体系主要分为四层。

1. 云计算平台：提供分布式文件系统、分布式数据库，适合于数据存储、数据管理、数据计算等的并行计算框架，可根据实际需要合理配置。

2. 数据 ETL：可以收集各种数据源，包括数据库数据、文档数据和网页数据。此外，一些基本的数据清理、数据转换、结构化数据/非结构化数据预处理工作也需要在存储前完成。

3. 并行数据挖掘分析引擎：主要设计了面向云计算平台的并行计算框架，包括并行数据挖掘算法、模型评价和结果显示，并提供上下调用接口。

4. 数据挖掘的应用：调用数据挖掘的能力模型或直接利用数据挖掘的结果来揭示数据的隐藏价值并加以利用。

该体系结构可以直接作为一个完整的挖掘应用系统使用，也可以在基于云的应用平台中作为中间件使用并行数据挖掘引擎模块。

（三）关键技术

1. 挖掘算法的并行化分析

该算法能否被 Map Reduce 并行化，需要针对具体的算法进行具体的分析。但是，也有一些初步的和一般性的指导原则可供参考。

（1）首先要判断算法中是否存在并行处理步骤：在理论分析中，不仅要考虑主要步骤的并行性，还要考虑小计算的并行化，这是算法的前提和基础。

（2）从理论上判断该算法是否满足 Map Reduce 并行化条件，即该算法是否能够对数据进行分割，以及块处理后的结果是否可以合并得到最终的结果。

（3）算法的时间复杂度不应太大，即算法不能迭代太多次，因为每次启动 Map Reduce 需要时间（包括在每个节点上启动新进程、通过网络传输数据等一系列操作）；最后，我们需要保证 Map Reduce 并行化算法的效率，否则就不需要 Map Reduce 并行化。

（4）地图推理后，需要考虑算法的正确性，即并行处理结果与串行处理结果一致。

2. 挖掘算法的并行设计

对于数据挖掘算法的并行设计，不需要对所有算法进行详细的分析和设计。因此，本书选择了两种有代表性的算法进行具体的分析和设计，它们分别代表简单的 Map Reduce 并行化设计和复杂 Map Reduce 并行设计。但是，对于特定数据挖掘算法的 Map Reduce 并行设计，将给出一些一般的指导原则。

二、 搜索引擎技术

（一）搜索引擎技术概览

搜索引擎是一个信息检索系统，它从各种业务或应用系统收集数据，存储、处理和重组数据，为用户提供查询和结果显示。在获取大量数据后，在数据存储系统中实现数据管理是必然的步骤和重要工具。当人们面对大数据时，可以通过输入简单的查询语句来获取所需的信息集。

从广义上说，搜索引擎等同于信息检索，它是指以某种方式组织信息，根据用户的需要查找相关信息的过程和技术。狭义信息检索是信息检索过程的后半部分，即从信息搜集中发现所需信息的过程，即信息查询过程。

狭义上的搜索引擎又称网络搜索，百度、谷歌等都属于这一类。因特网上的网页总数已超过 50 亿页，每月增加近 1000 万页。Web 检索的内容非常丰富，有网页、文档、语音、视频等。文件类型的文件，音频/视频也是多种多样的，有 pdf、doc、Excel、MOV、mp3 等格式。Web 检索系统以一定的策略在 Internet 上搜集和发现信息，对信息进行理解、提取、组织和处理，为用户提供检索服务，从而发挥信息导航的目的。搜索引擎通常被称为 Web 搜索引擎。

（二）系统架构

作为 Internet 应用中最具技术含量的应用之一，优秀的搜索引擎需要复杂的结构和算法来支持海量数据的获取、存储和对用户查询的快速、准确的响应。

在架构层面，搜索引擎需要有能力访问、存储和处理数百万个庞大的网页，同时确保搜索结果的质量。如何获取、存储和计算如此庞大的数据？如何快速响应用户查询？如何使搜索结果满足用户的信息需求？这些都是搜索引擎面临的核心问题。

搜索引擎从互联网站点的网页中获取信息，这些信息是在本地抓取和保存的，因此互联网上相当大比例的内容是相同或几乎重复的。网页删除模块检测到这一点，并删除重复的内容。

在此之后，搜索引擎将解析页面，提取页面的主要内容，以及页面包含指向其他页面的链接。为了加快对用户查询的响应，需要通过倒排索引数据结构保存网页的内容，并保存页面之间的链接关系。我们之所以要保持链接关系，是因为它在网页排名中有着重要的价值，搜索引擎将通过链接分析来判断网页本身的相对重要性。这对于为用户提供高质量的搜索结果有很大的帮助。

由于页面太多，搜索引擎还需要保存原始页面信息和一些中间处理结果，仅用几台或一台机器来处理数据和信息显然是不够的。因此，商业搜索引擎公司开发了一套完整的云存储和计算平台，利用数万台普通计算机构建一个集群，支持海量信息的可靠存储和计算体系结构。优秀的云存储和计算平台是大型商业搜索引擎的核心竞争力。

当然，数据的采集、存储、处理都是搜索引擎的后台计算系统，其主要价值在于解决如何为用户提供准确、全面、实时、可靠的搜索引擎。如何实时响应用户查询并提供准确的结果，构成了一个搜索引擎前台计算系统。

在收到用户的查询后，搜索引擎将首先对查询项进行处理，推导出用户的真实查询意图，然后在缓存中搜索。如果能直接在缓存中找到满足用户需求的信息，结果可以直接返回给用户；如果缓存中没有用户需要的信息，则搜索引擎需要将系统检索到倒排索引中，以便实时查找结果，并对结果进行排序。在排名中，一方面考虑了查询的相关性和网页内容的相关性，另一方面考虑了网页内容的质量、可信度和重要性。综合以上因素，形成最终排名结果，返回给用户。

搜索引擎作为Internet用户访问Internet的虚拟门户，对引导和分流网络流量具有重要意义。使用各种手段将网络搜索排名提高到与其网页质量不相称的位置，严重影响了用户的搜索体验。如何自动发现作弊页面并对其进行惩罚，已成为当前搜索引擎的一个重要组成部分。

（三）关键技术

1. 网页爬虫

互联网上有数千亿的网页存储在不同的服务器上、在世界各地的数据中心和机房里。对于搜索引擎来说，抓取互联网上的所有网页几乎是不可能的。从目前公布的数据来看，最大的搜索引擎只能获得网页总数的40%左右。一方面，由于爬行技术的瓶颈，它不能遍历所有的网页，从其他网页的链接中找不到很多网页；另一方面是存储和处理方面的问题。如果每个页面的平均大小为20KB（包括图像），则100亿页的容量为100×2000GB，即使可以存储，下载也可能有问题（如果在一台机器上每秒下载20KB，则需要340台机器一年不停止地下载所有页面）。同时，由于数据量过大，会影响搜索的效率。

网络爬虫抓取分布在不同服务器和数据中心中的网页，并在本地存储，形成网页镜像设备后建立索引，使网络爬虫能够快速响应用户的查询要求。网络爬虫起着重要的作用，它是搜索引擎系统的关键和基本组成部分。

一个通用的、简单的Web爬虫框架，其基本原理是：先从Internet上手工选择一部分网页，作为种子URL，存储在URL队列中；然后，爬虫调度程序从要获取的URL队列中读出URL，并解析DNS以将链接地址转换为网络服务器的IP地址；然后将所述IP地址和所述相对路径名称提交到所述相对网页下载装置。在接收到下载任务后，Web下载机通过IP地址和域名信息与远程服务器建立连接，发送请求并下载网页。一方面，将其存储在页面库中，为后续的页面分析和索引奠定基础；另一方面，从下载的网页中提取出URL，并将其放入捕获的URL队列中，以避免重复爬行。对于新下载的网页，提取其中包含的所有输出链URL。如果捕获的URL队列中没有出现链接，则将其放在要获取的URL队列的末尾，然后抓取它。在处理URL队列中的所有页面之前，此循环不会完成完整抓取。

网络爬虫通过套接字连接到远程服务器后，通过HTTP进行通信。在接收到爬虫请求后，服务器按照HTTP头信息和HTTP正文信息的顺序发送内容。抓取头信息后，对其进行解析，得到状态码、页面内容长度、转向信息、连接状态、网页内容编码、网页类型、网页字符集、传输编码等信息。根据返回代码，判断Web服务器是否转向请求，如果请求被转到，则应重新组装消息体以发送请求。然后，根据所述传输类型和所述网页主体的大小，将所述存储器空间应用于待接收，如果所接收到的大小超过所述预定大小，则放弃所述页；根据所述网页的类型，判断是否获取所述网页，并在满足所述获取条件的情况下，连续获取所述网页的主体信息。当爬虫获取网页的主体信息后，提取链接信息和相应的锚文本链接描述信息，形成网页链接结构库。当读取正文内容时，由于页面标题信息中给定的页面正文大小可能存在错误，所以页面正文信息的读取应该在循环正文中，直到无法读取新的字节。此外，服务器没有响应很长时间，需要设置超时机制，超时后放弃页面。如果接收到的数据超过预定的接收大小，则网页也被丢弃。

下载完所有网页后，整个网页可分为五种类型：下载的网页集、过期的网页集、等待下载的网页集、可知的网页集、未知的网页集。下载的网页和过期的网页属于本地网页，区别是本地网页的内容与当前的互联网网页内容不同，下载的网页集是指正在爬入 URL 队列的网页，这些网页很快就会被爬虫下载。可知的网页集是那些既不下载也不过期的网页，但总是可以通过链接关系找到。未知网页是那些无法被爬虫发现的网页，这部分页面在整个页面中所占的比例很大。

2. 文献理解

爬虫从 Internet 下载相关网页文档后，形成原来的网页库和网页链接结构库，分析子系统对原始网页库进行编码类型和类型转换，形成标准化的标准网页。通过网页的分析和净化模块，提取网页的 URL 标识、标题、描述、关键词和文本等重要信息，对网页内容进行压缩，删除网页，进一步优化网页存储空间。然后根据不同的关键词提取相应的网页摘要，最终形成结构化文档对象，包括文档 ID、标题、URL、时间、关键词、摘要等内容，并存储在相关的文件系统中。此外，分析子系统还根据爬虫收集的网页链接结构数据库计算每个网页的链接重要性，并将其作为文档的属性存储在网页对象库中。为了方便地生成搜索结果页面，需要能够根据文档 ID 直接定位文档的结构化信息。因此，还需要建立一套结构化文档库的索引机制，以获得网页索引库。这允许简单地使用文档 ID 快速提取检索文档结果页，从而从缓存或本地文件中快速提取相关信息。

3. 文档索引

倒排索引是搜索引擎索引的核心，它由词库和倒排表组成。单词字典用于维护文档集合中出现的所有单词的信息，记录倒排文件中单词倒排列表的偏移信息。

响应用户的搜索请求，通过在单词字典中查找单词，可以得到相应的单词倒排列表，并以此作为后续排序的基础。

对于一个索引数亿页的搜索引擎来说，出现的字数可能是几十万甚至数百万，如何在如此大规模的词汇词典中快速定位和获取信息，将直接影响搜索引擎的响应速度。常用的构造单词词典的数据结构包括哈希加链表结构和树形词典结构。

所谓的哈希列表结构由两个部分组成：哈希列表和碰撞列表。主哈希表存储指向存储具有相同哈希值的字典项的冲突列表的地址。

词典是在建立索引的同时进行的。例如，在解析新文档时，对文档中出现的每个单词执行以下操作：首先，使用哈希函数获取其哈希值，并根据哈希值所在的哈希表条目读取存储的指针；然后，找到相应的冲突列表，如果冲突列表中不存在单词，则将其和相关信息添加到列表中。所有文档中的所有单词都按照上述步骤进行处理，当文档集被解析时，建立相应的字典结构。

响应所述查询，对应的哈希表项与相应的哈希表项相匹配，并提取冲突链接列表进行比较，找到对应于所述查询词的倒排列表的存储位置，并获得与所述单词对应的倒排列表。并对相似度进行了计算，得到了最终的检索结果。

4. 用户理解

搜索引擎和用户之间的交互非常简单。首先，用户在搜索框中输入查询词；随后，搜索引擎为用户返回相关文档列表。这一过程似乎很简单，但其背后的原则却非常复杂。由于用户输入的每个查询词都隐含着其深层的查询意图，而这些查询意图或由于用户表达水平有限而无法准确描述，或者由于某些需求难以用一两个单词或句子表达，因此系统需要结合用户上下文深入挖掘真实信息。用户查询意图的识别与挖掘是当前搜索引擎研究的一个重要方向。只有当我们知道用户到底想要什么时，才有可能为用户提供准确的答案和满意的服务。

每个搜索词都暗示着用户潜在的搜索意图和需求。如果搜索引擎能够根据查询条件自动分析潜在的搜索意图，然后针对不同的搜索意图采用不同的检索方法，最后，根据用户的意图满意度，将最符合用户意图的搜索结果排在第一位，这无疑将大大改善用户的搜索体验。

根据行业的研究成果，搜索用户的目的可分为三类：导航搜索、信息搜索和事务性搜索。

导航搜索通常表示用户的搜索请求以特定的站点地址为目标，如中兴通讯的官方网站、北京大学的官方网址等。

信息检索的目的是获取“宫保鸡的实践”“谁是美国总统”“五三北京天气”等方面或领域的信息。用户查询这类信息，主要是为了学习一些新知识。

事务性搜索请求的目标是完成特定的任务，如“下载手机软件”“淘宝购物”等。

用户搜索意向具体划分为以下几类：

（1）导航类，其中用户知道登录哪个站点，但不知道详细的 URL 或不希望输入较长的 URL，因此可以通过搜索引擎进行搜索。

（2）信息类别，可细分为以下几个子类型：①直接类型，用户想了解某一特定主题的具体信息；②间接类型，用户希望了解某一主题的任何方面的信息；③用户希望得到一些建议或指导；④定位导向，用户想知道在现实生活中哪里可以找到某些产品或服务；⑤列表类型，用户希望找到一批能满足自己需求的信息。

（3）资源类，即用户希望能够从网络中获取一些资源，然后解决现实生活中的问题，进一步细分为：①软件类型，用户希望找到一些能更好地使用计算机的产品或服务；②娱乐类型，用户希望获得的娱乐信息；③交互性，用户想直接使用某些服务或网站提供的结果；④以资源为基础，用户想获取一定的资源，这些资源不必在计算机上使用。

当然，上面的分类是通过手工安排得到的，在实现时可以考虑将机器添加到工作中的方法，即第一步是使用一批语料库进行人工分类器的训练，然后通过构造分类器实现用户查询的自动分类。

大型商业搜索引擎（如谷歌、百度等）每天有数千万甚至数亿用户提交查询来完成搜索。通过对这些用户检索行为的统计分析，可以获得大量有用的信息，大大提高了搜索引擎搜索结果的准确性，提高了检索质量。基于上述思想，Directhit 技术是提高检索排名质量的一种方法。它的主要功能是跟踪用户的后续行为来搜索结果：哪些网站已被用户选中浏览？用户在网站上花费了多少时间？通过这些数据的统计，搜索引擎可以提高用户经常选择的站点的权重，花费大量的时间浏览，并减少那些用户不太关心的站点的权重。对于新添加的网页，系统会给它们一个默认的权重，然后它们的重要性取决于用户的行为。

三、推荐引擎技术

（一）推荐引擎技术概览

为了给用户提供准确的推荐，推荐系统应运而生。推荐系统能够自动搜集用户感兴趣的信息，分析用户兴趣，根据用户偏好进行个性化推荐。

推荐系统的用户，推荐对象是产品和服务等项目。根据推荐对象的特点，将推荐对象分为两类：一是以信息为主要推荐对象，本系统主要采用 Web 数据挖掘的方法来分析用户的兴趣，并根据用户的兴趣向用户推荐网络信息；另一个是面向产品的系统，它经常用于电子商务网上购物环境，帮助用户了解他们真正想要的东西，除了实体商店中常见的东西外，还包括电影、音乐、书籍等。

推荐系统的功能可以概括为：①为用户提供个性化的信息服务；②提供其他用户对产品的评价；③向用户推荐个性化的产品服务。个性化推荐系统的主要功能是收集用户数据，通过对这些数据的分析，积极对用户的兴趣偏好进行个性化推荐。换句话说，每次用户登录到推荐站点时，推荐系统推荐它可能感兴趣并最有可能根据当前用户偏好购买的产品，并根据用户当前的活动和行为实时更新推荐结果。如果系统的产品基础和用户信息发生变化，推荐系统将自动更改推荐顺序。

（二）系统架构

每次用户登录到个性化的商务网站时，推荐系统会根据目标用户的偏好程度向用户推荐最喜欢的项目，并实时更新系统给出的建议。即当商品信息和用户兴趣特征在系统中发生变化时，推荐序列会自动变化，为用户提供更多的检索方便，提高服务水平。

个性化推荐系统可以抽象为三个主要的功能环节，即先搜集用户信息，然后根据用户信息对用户进行建模，最后在构建的用户模型的基础上，给出个性化服务策略和服务内容。

在个性化推荐服务的过程中，首先是获取用户信息。用户信息包括用户的个人基本信息、购买历史记录和浏览记录。购买历史记录主要存储在电子商务网站的后台交易数据库中，记录每个用户先前购买的详细信息，包括购物时间、商品清单、价格、折扣等。同时，还可以收集用户放入购物车但没有购买的项目的记录，以及用户浏览的项目的信息。为了搜集用户的行为信息，日志文件是必不可少的。必须在服务器端获取收集服务器日志并提取特定用户的访问记录。用户浏览的页面和浏览行为可以在客户端或从服务器端的用户记录中获得。

该框架的智能推荐系统由以下几个重要组成部分组成：

1. 操作数据库：存储与用户操作密切相关的数据，包括产品数据、客户数据、交易数据库等。

2. 数据挖掘引擎：对操作数据库中的数据进行初步挖掘，提取出具有一定相关性和推荐算法直接使用的有意义数据。

3. 数据仓库：清洁后的定期数据存储和初步挖掘，由推荐系统直接操作，包括属性数据、购买数据、产品数据、点击流等。

4. 推荐模型库：存储推荐算法，选择推荐算法并应用于不同的推荐策略。

5. 推荐引擎：主要用于接收推荐请求，运行推荐策略，生成推荐结果。该推荐引擎为推荐算法提供了统一的运行环境，便于推荐算法的编写，并为电子商务推荐系统提供统一的推荐服务接口。

6. 界面管理：管理用户界面和推荐顺序，并向用户提供推荐结果。

推荐系统从信息搜集到推荐生成，每个模块之间的分工如下：

1. 数据清理、转换和加载：数据转换代理对 Web 日志进行清理和转换，数据挖掘引擎对清理后的数据进行初步挖掘，将其加载到数据仓库中，形成规则数据。

2. 模型生成：根据推荐的具体应用，提取相应的数据，选择合适的推荐模型为具体应用生成模型，并将其存储在推荐模型库中。如何选择合适的推荐模型取决于具体的推荐应用。

3. 推荐策略配置：推荐策略是推荐过程的配置，包括推荐算法和推荐模型。具体的推荐功能由运行相应推荐策略的推荐引擎实现。推荐引擎提供推荐服务，并且必须具有已经配置的推荐策略。配置的主要任务是修改推荐策略，采用新的推荐模型，然后根据具体的推荐应用推荐策略，并要求推荐引擎启动或重载推荐策略。

4. 推荐服务访问：电子商务系统直接向推荐引擎提供当前用户信息，并要求使用指定的推荐策略生成推荐产品列表。推荐引擎根据电子商务系统的要求运行相应的推荐策略，并产生相应的推荐结果。

5. 业务数据更新：电子商务系统开展在线商业活动，并向用户提供转诊服务。由于新用户新产品不断加入，而用户不断生产新活动，操作数据库也在不断变化，需及时进行更新。

上述子系统、数据库和各种基本操作共同构成个性化推荐系统框架，为用户提供个性化推荐服务。要有效地完成推荐任务，实现业务推荐系统的业务目标，就必须依靠开发系统中准确的推荐算法实现符合用户个性的推荐任务分解以及友好的人机界面等设计。

（三）关键技术

1. 内容过滤算法

基于内容的推荐是信息过滤技术的延续和发展，它基于项目的内容信息，不需要基于项目的评价，因此需要更多的机器学习方法。用户兴趣模型是通过分析用户投票或评估的项目来构建的。然后，使用用户兴趣模型来计算用户对未访问项的兴趣，并选择最可能的项集并推荐给用户。

内容推荐算法是基于“资源—用户”关系生成推荐结果，基本过程如下：

（1）在相同的特征空间中，建立资源特征向量和用户描述文件。

（2）根据用户描述文件，比较了系统中所有资源特征向量与用户描述文件的相似性。

（3）根据相似度由高到低的排序，向用户推荐相似度超过一定阈值的资源。

为了比较项目和用户的利益，必须以同样的方式表达项目和用户的利益模型。目前流行的用户兴趣模型表达方法主要有向量空间模型和概率模型。向量空间模型是以特征项

（词、词或短语）作为文本表示的基本单位的文本表示模型。所有特征项构成特征项集，每个文档可以表示为一个向量。由于文档中特征项的频率在一定程度上反映了文档的主题，因此向量的每个组件都由文档中出现特征项的次数表示。

表达项目和用户利益的最直接的方式是使用项目的内容特性。用户兴趣是多种多样的。每个项目使用一系列的特征词来描述内容，然后根据用户访问的项目，选择合适的主题词来表达用户的兴趣。

向量空间模型只能表达用户感兴趣的主题词，不能区分用户兴趣之间的差异。概率模型能很好地解决这一问题。该方法首先建立分类模型，然后计算模型上所有项目和用户兴趣的概率分布。这很好地反映了用户兴趣的多样性。但是，该模型的建立和更新耗时，不利于系统的实施。

基于内容的用户数据需要用户的历史数据，并且用户数据模型可能随用户的喜好而变化。通过系统分析，挖掘用户访问日志，自动更新用户兴趣模型是非常必要的。

在表示用户兴趣之后，可以使用项目和用户兴趣模型之间的相似性来筛选项（即生成建议）。对于向量空间模型，传统的相似度计算方法是计算向量间的余弦相似度。在获得项目与用户之间的相似性后，向用户推荐与用户相似程度最高的项目作为推荐列表。

基于内容推荐的方法具有许多优点，即只根据信息资源和用户兴趣的相似性推荐信息，每个用户独立操作，不需要考虑其他用户的利益。此外，还可以通过列出项目的内容特性来解释推荐项目的原因。虽然内容推荐简单有效，但仍存在一些问题。

（1）无法找到用户感兴趣的新信息，只能找到与用户访问过的项目相似的项目。由于用户的兴趣模型是根据用户访问过的项目建立的，因此推荐给用户的项目仅限于用户访问项目类型的范围，不能为用户找到意外的兴趣。

（2）冷启动问题。当一个新用户访问系统时，它的兴趣模型是空的，因此，不可能向用户推荐产品。

（3）只能获得项目特征的部分信息，通常是文本信息，而忽略了图形、图像、音频、视频等内容信息。

针对基于内容的过滤方法的不足，很少将基于内容的过滤方法作为单一的推荐算法，而是作为混合过滤算法的一部分来弥补协同过滤的一些不足。

2. 协同过滤算法

协同过滤又称社会过滤，是研究最广泛和应用最广泛的个性化推荐算法。协同过滤算法不同于以往的文本信息过滤分析技术。它不仅分析了信息本身，而且借鉴了其他人的购买、评价和其他行为信息。

协同过滤技术的出发点是没有人的兴趣是孤立的，它们应该是某个群体的利益，用户对不同信息的评价包括用户对该信息的兴趣或偏好。如果一些用户对某些项目有相似的评级，那么他们也可能对其他项目具有类似的评级。协同过滤算法的基本思想在日常生活中也非常普遍。人们经常根据亲戚朋友或有相同兴趣的人的意见和建议做出决定，例如购物、阅读、听音乐等。协同过滤技术就是将这一思想应用到网络信息服务信息推荐中，在其他用户对某一特定信息进行评价的基础上，向目标用户推荐。

协同过滤的实现过程是首先利用一些技术找到目标用户（与目标用户兴趣相似的用户）的近邻，然后根据最近邻的目标条目得分生成推荐。使用预测得分最高的多项作为推荐的用户列表。如何定义用户相似度，选择参考用户组作为最近邻，是协同过滤算法的关键。

基于用户行为信息的协同过滤推荐系统，如用户注册信息、用户评级数据、用户购买行为等，建立用户行为模型，然后利用所建立的行为模型向用户推荐有价值的产品。在实际应用中，推荐系统可以使用的用户数据主要包括以下三种数据：

（1）用户档案：用户登记的基本个人信息，如姓名、性别、年龄、职业、收入、教育背景等。

（2）产品档案：用户在电子商务网站上购买商品的信息。

（3）用户行为特征：搜索或浏览输入、浏览对象、浏览路径、产品分级、文本评论、浏览行为等。

目前，许多基于用户评价数据的协同过滤算法都是以产品推荐为基础的。用户评分数据可分为显性评分和内隐评分。显式评分是指通过用户的显式输入界面对某些项目进行的数字评分。内隐评分不要求用户直接提供产品的评分，而是根据用户在电子网站上的行为特征预测用户在网页信息上的得分。

显式评分有明显的缺陷，因为用户必须暂停当前浏览或读取行为，然后输入项的评分。另外，由于显示评分不需要客户浏览产品和实现购买过程，不少客户在实际使用中可能忽略这一环节，导致用户评分数据稀疏。研究表明，只有当每个项目都有相当数量的评级数据时，推荐系统才能产生更准确的推荐结果。用户评价数据的极度稀疏直接导致推荐质量的下降。在极端情况下，计算类似的评级是不够的。

协同过滤推荐系统通过分析系统能够捕获的操作，获得隐式评分。这些操作被称为隐含兴趣指示操作，这些操作分为以下几类：

（1）网页的标记：包括向收藏夹中添加网页、从收藏夹中删除网页、将网页保存为本地文档、打印网页和通过电子邮件向朋友发送网页等。

（2）网页编辑操作：包括编辑操作，如裁剪、复制和粘贴、打开新窗口中的链接、搜索网页中的文本和滚动条等。

（3）重复：如果用户在网页上重复某些操作，可能意味着用户对网页更感兴趣，例如网页的打开时间更长、滚动条被一次又一次地拉着、访问网页的行为被重复。

相比之下，内隐评分具有以下优点：

（1）用户不需要输入产品评分，用户使用更方便。

（2）它可以预测用户访问的任何网页的评分和页面上包含的项目，大大减少了用户评分数据的极度稀疏性。

应该指出的是，内隐评分是通过一些启发式规则获得的，有时是不准确的。同时，隐含利益指示操作的不同组合可能导致利益冲突倾向。

协同过滤推荐系统的输出主要负责输入信息后的系统输出给用户，主要类型如下：

（1）建议：推荐系统的计算推荐结果可提供给客户，推荐系统的性能可分为两类：单一项目建议书和推荐列表。单独的建议比较随意，而推荐列表列出了用户可能喜欢的几个项目。

（2）预测评分：作为推荐商品的一种评价手段，它为客户更好地理解推荐项目提供了一个标准，它是在综合了所有客户的意见之后，从推荐系统中得出的一个价值。

（3）个人得分：输出社区中其他用户的个人得分适用于社区中的用户群体相对较少的情况。

（4）评论：其他用户对推荐商品的评价。

根据协同过滤技术中使用的各类事物的相关性，将协同过滤分为基于用户的协同过滤和基于项目的协同过滤。

①基于用户的协同过滤：假设人们的行为具有一定的相似性，即具有相似购买行为和相似兴趣的顾客会购买相似的产品。

②基于项目的协同过滤：假定项目与项目有一定的相似性，客户购买的产品通常是相关的，如客户在购买电子游戏机时购买的电池和游戏卡。

不同协同过滤算法的推荐模型可以分为三层：上层和底层分别是用户层和项目层，中间层是评分层，将这两层连接起来。各种算法从不同的角度预测用户在新项目上的得分。例如，基于邻居用户的协同过滤算法考虑用户层中用户的相似性，不考虑项目层的项目相似性，而基于项目的协同过滤算法则相反。

基于用户的协同过滤推荐是最早的协同过滤技术，它根据其他用户的意见向目标用户生成推荐列表。它所依据的假设是，如果一组用户对某些项目有类似的评级，他们对其他项目的评价不应有很大差异。

协作过滤推荐系统使用统计技术搜索目标用户的几个最近邻，然后根据项目的最近邻评分预测目标用户在非分级项目上的得分。将预测得分最高的前几个项目作为最终推荐结

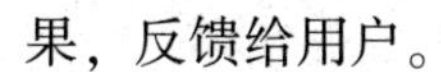

果，反馈给用户。

有专家认为，协同过滤的运作类似于传统的口碑营销模式，因此将协同过滤的运作分为三个阶段的概念框架。

①用户输入等级。

②将同一配置文件的用户分组。

③将参考资料组的评价综合为建议。

根据该概念体系结构，基于用户的协同过滤算法分为三个步骤：用户项目评分模型的描述、用户最近邻的生成和推荐项的生成。

3. 相关分析算法

关联规则挖掘技术能够发现不同商品在销售过程中的相关性，在零售业得到了广泛的应用。关联规则是指在事务数据库中，计算同时购买的物品所占比例的直观含义是指用户购买某些物品和购买其他物品的倾向。基于关联规则的推荐算法根据生成的关联规则推荐模型和用户的购买行为生成推荐给用户的建议。关联规则推荐模型的建立是离线进行的，从而保证了有效推荐算法的实时性要求。

基于关联规则的推荐算法可分为两个阶段：离线关联规则推荐模型的建立和在线关联规则推荐模型的应用。在离线阶段，利用各种关联规则挖掘算法建立关联规则的推荐模型。这一阶段很费时，但可以进行离线循环。在线阶段根据建立的关联规则推荐模型和用户的购买行为为用户提供实时推荐服务。

使用关联规则推荐算法生成推荐的步骤如下：

（1）根据每个用户在交易数据库中购买的所有商品的历史交易数据，创建每个用户的交易记录，从而构建交易数据库。

（2）利用各种关联规则挖掘算法在构建的事务数据库中挖掘关联规则，得到所有满足最小支持阈值最小支持度和最小置信阈值最小集的关联规则，并将其记录为关联规则集 A。

（3）删除用户已从候选人推荐集中购买的物品。

第六章　大数据的应用

第一节　大数据的应用及发展

一、 大数据技术的应用

（一）大数据分析营销

事实上，在大数据时代的大数据产业链从不缺少中国企业的身影，除了腾讯、百度、阿里巴巴等互联网航母公司外，许多创新型、成长型大数据公司均在不断推出基于大数据的精准营销服务解决方案。

电信运营商为摆脱“管道化”的困境，也纷纷在大数据方面挖掘价值潜力。随着移动互联网时代的到来，用户的消费习惯及行为习惯均发生了很大的改变，从任何一家电信运营商的营业财报来看，其语音业务及短信业务逐年下降的同时，数据业务大幅提升，如果不能在数据业务中获取更多的市场份额和盈利份额来补充在语音业务及短信业务上的短板，势必会在恶劣的竞争环境中被淘汰出局。但是电信运营商的固有优势也很明显：

1. 运营商为移动互联网的迅猛发展提供了几乎无法复制的通信平台。作为流量的入口，任何一家电信运营商都拥有海量的用户基础以及这些海量用户每天都在产生的海量数据。

2. 电信运营商拥有多年的数据积累，拥有诸如财务收入、业务发展量等结构化数据，也会涉及图片、文本、音频、视频等非结构化数据。

3. 从数据来源看，电信运营商的数据来自移动语音、固定电话、固网接入和无线上网等所有业务，也会涉及公众客户、政企客户和家庭客户，同时也会收集到实体渠道、电子渠道、直销渠道等所有类型渠道的接触信息。

如何充分采集、整合、有效利用这些数据，发现数据背后隐藏的信息，从而为运营商的公共基础设施建设、高效运营、创新应用、服务改良提供技术支撑是每个运营商均要面对的需求痛点。

目前国内运营商运用大数据主要有五个方面：

第一，网络管理和优化，包括基础设施建设优化和网络运营管理优化等。以基站建设布局及优化为例，通过对用户行为轨迹的分析，可以主动获悉在某个地区内各个基站的人群分布以及各个基站的通信质量负载，借此可以在基站建设和布局优化方面进行主动的辅助决策；通过对用户从各个渠道的反馈数据（比如打电话给客服投诉某个地区通信质量不好）能够有靶向地定位不同基站的网络质量，借此实现基站的管理优化，相比传统单一通过工委部门的日常巡检监测而言，这种类似“众筹模式”的数据收集手段更容易获得对具体小区基站的质量评估。

第二，市场与精准营销，包括客户画像、关系链研究、精准营销、实时营销和个性化推荐等。以移动终端机的推荐为例，电信运营商通过对用户消费数据（不仅是具体某个个体，包括整个区域的用户消费行为和习惯）分析，能够对用户何时换手机、会换什么样的手机等进行精准预测，这样在合适的时间（通过对整个地区的消费者的换机行为进行“用户使用时间”建模分析出具有某属性特征的用户当前手机的一般使用时间，国内的一般做法是在可能换手机的前三个月）、通过合适的渠道（根据消费者的消费习惯建模分析出其渠道偏好）、在合适的时机（比如用户在办理某个相关业务、运营商在进行某个营销案等）向合适的人推荐合适的手机。

第三，客户关系管理，包括客服中心优化和客户生命周期管理。以客户忠诚度评估为例，运营商对客户忠诚度评估的最终目标是通过用户市场倒逼企业提高服务质量，最终提高用户的满意度。简单的策略是：一方面通过对用户的消费流水、消费行为、用户投诉反馈等数据对“用户选用产品”进行立体化建模；另一方面通过对企业产品舆情和竞品舆情（各种渠道采集，比如问卷调查、电话回访、互联网数据采集等）分析，借此评估普通用户对相关产品、服务和渠道的体验度和满意度并进行建模；通过对上述所有数据的后评估达到对用户的忠诚度评估。

第四，企业运营管理，包括业务运营监控和经营分析。以渠道价值度和健康度评估为例，为了拓展业务，各个运营商一般设立了包括自营和加盟的营销渠道，每个营销渠道都可以为用户办理相关业务。所有用户办理业务时，后台记录的业务流水能够反映具体每位用户的业务办理情况，也能反映出这笔业务是哪个区域、哪个渠道、哪位经手人以及是在哪位销售经理的影响下开通的。这样通过对业务流水的分析就可以为相关的人打上各种标签（当然还需要其他数据源数据的支撑），借此可实现具体用户的价值度分析、渠道价值度分析、相关人的绩效分析等，同时通过具体某个渠道的业务办理的上下文（如用户办理的相关业务）可以对违规的业务结构进行预警，借此实现对渠道、相关人的健康度进行分析建模，从而为运营商的运营管理和有效稽查提供数据支撑。

第五，数据商业化，指数据对外商业化，单独盈利。以精准广告营销为例，通过对用户（包括用户朋友圈）消费行为、消费能力、行动轨迹的有效分析，可以从不同的维度对用户打上各类标签，同时对待推送广告与用户的上述数据进行关联建模，达到在合适的时间、合适的区域、用户进行相关的行动时向用户推送合适广告的目标，从而实现运营商主营业务以外的增值获益。比如某个用户在周末会获得某个餐饮或者旅游点的广告，可能的原因是通过对用户轨迹历史数据的分析，推断出这位用户在周末的娱乐圈（地域）一般集中在哪些地方、消费行为一般集中在哪些等。

当然，运营商大数据应用的场景肯定不限于此，这里仅给出一般的应用示意。应该说，从整体来看，电信运营商大数据发展仍处在探索阶段，这对于大数据产业链上的不同角色或许都是一个机遇。

如前所述，大数据市场规模巨大，获益期望巨大。大数据技术已经渗透进社会生活中的方方面面，通过各种各样的方式影响着社会的发展，而大数据环境下需要响应的需求还渐趋于个性化、扁平化、垂直化等，这就要求无论在应用模式还是商业模式上均需有针对性的响应。事实上，我们已经发现很多创新应用和创新商业模式，各个公司利用自身的个体资源和成长基因在整个渐趋成熟的大数据产业链中占有各自的位置。按一般的理解，在大数据产业链中有三类典型的公司：

1. 基于数据（本身）的公司。其专指那些拥有数据但往往不具有数据分析能力的公司，这类公司往往规模巨大，资源获取能力尤其巨大，一般中小型公司没有绝对的竞争力。

2. 基于技术（研发）的公司。其专指那些技术供应商或者数据分析公司等，同基于数据的公司类似，这类公司往往规模巨大，技术研究底蕴深，一般中小型公司没有绝对的竞争力。

3. 基于思维（服务）的公司。其专指挖掘数据价值的大数据应用公司，这类公司往往自己不具有大量的数据基础，甚至没有专门的技术理论研发能力，但他们能够清晰地理解目标应用的需求，并且能够嫁接相应的技术给予应对。与前两类公司比较而言，这类公司往往规模无需巨大（当然也有航母级公司针对行业应用做解决方案），也可开展相应的工作。这类公司需要具备两类基本的素质，即对需求的极致敏感（能够发现、发掘甚至引导和创造用户的需求）、对技术选型的极致敏锐（能够快速选择合适的技术响应相应的需求）。

上述的分类比较粗放，因为很多公司是兼具两个甚至全部的特征。事实上，作为正处于战略转型期和产业结构调整优化的中国产业生态，还有可称为第四类的大数据公司，这类公司往往是处于转型期的供给侧生产型公司本身，出于企业生存和长期获益的追求，尝

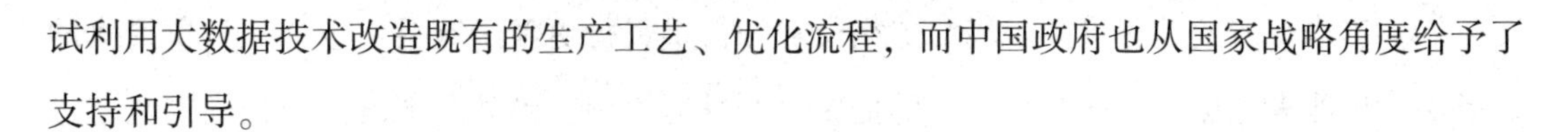

试利用大数据技术改造既有的生产工艺、优化流程，而中国政府也从国家战略角度给予了支持和引导。

（二）围棋人工智能程序 AlphaGo

AlphaCo 是一款围棋人工智能程序，这个程序利用“价值网络”（value network）计算局面，用“策略网络”（policy network）选择下子。利用基于大数据的深度学习技术来减少搜索量，在有限的搜索时间和空间内寻找最大获胜概率的下子方案。同时该团队在研发过程中，通过进行大量数据训练对 AlphaGo 的策略训练模型进行不断升级。

AlphaGo 总体上可以分为离线学习和在线对弈两个过程。其中离线学习过程分为三个训练阶段：

第一阶段：利用 3 万多幅专业棋手对局的棋谱对两个网络进行训练。策略网络基于全局特征和深度卷积网络（CNN）进行训练，输入盘面状态后，能够输出盘面其余空地上落子的概率。快速走棋策略（rollout policy）则利用局部特征和线性模型进行训练，能够较快地输出落子策略，但精度较低。而策略网络则与之相反。

第二阶段：通过不同策略网络的对弈，利用增强式学习的方法来获得增强的策略网络。第 n 轮的策略网络与此前训练好的策略网络对弈，根据学习的结果修正第 n 轮策略网络的参数。

第三阶段：基于普通策略网络生成棋局的前 U-1 步，其中 U 为 [1, 450] 区间的随机变量。然后，为了增加棋的多样性，利用随机采样的方法来确定第 U 步的位置。接着利用增强的策略网络完成剩下棋局的自我对弈过程。此时，以第 U 步的盘面作为特征，自我对弈的胜负结果作为标记，构造价值网络，能够根据盘面状况判断最终胜负。通过大量的自我对弈，AlphaGo 积累 3000 万盘棋局，用以训练价值网络。然而，棋局对应的搜索空间过于庞大，3000 万盘棋局的训练并不能完全解决胜负判决的问题。

在线对弈的核心思想是在蒙特卡罗搜索树中嵌入了深度神经网络，减小搜索空间。对弈过程包括以下几个关键步骤：

①根据当前盘面落子情况提取特征。

②基于策略网络预测棋盘其他空地的落子概率。

③根据落子概率计算该分支权重，初始值为落子概率本身。

④分别利用价值网络和快速走棋网络对局势进行判断，混合两个局势评分得到最终获胜的得分。快速走棋策略从被判断的位置开始快速对弈到盘终。每一次落子都能推演到一个输赢结果，然后综合获得这个节点的对应胜率。而价值网络根据当前盘面状态评估最终结果。两种策略相互补充，各有优劣。

⑤基于步骤④的计算得分对当前走棋位置的权重进行更新。此后，选择从权重最大的那条边开始搜索和更新。同时对权重的更新过程进行控制，当某个节点的被访问次数超过一定阈值的时候，在蒙特卡罗搜索树上展开下一级别的搜索。

（三）基于大数据的广告

1. 基于数据的广告定向方式

广告业的发展使得广告的售卖越来越灵活，从购买媒体逐步发展到精准的受众购买。计算机计算能力的提升和大数据技术的出现，为这个转变提供了技术保障。

（1）人口属性定向

基于人口属性（性别、年龄、收入、地址和职业等）的定向方式在传统广告中已经长期使用。比如，一个广告主的产品更适合中年男性时，这个广告主会选择受众多是中年男性的杂志、电台或电视节目来投放广告。在互联网时代，因为系统可以通过 Cookie 等方式追踪到个体受众，因此基于人口属性的定向方式可以取得比传统广告更好的效果。

通常人口属性信息的获取有两个渠道，一是用户的注册信息，用户在注册账号时提交自己的属性信息，这种方式收集的信息一般比较可靠。二是当用户没有提供人口属性信息时，系统可以通过机器学习算法，根据用户的行为来推测用户的人口属性。目前工业界在推测性别和年龄等属性上准确率非常高。

（2）重定向

重定向有两种主要方式，一种是搜索重定向，另一种是浏览重定向。用户在搜索引擎上搜索信息时，有非常明确的意图，而且通过查询词高度概括了其当前意图。于是，广告系统可以利用用户的搜索信息来做定向，匹配相关的广告。比如，一个用户在搜索引擎上搜索“北京到上海的机票”后，这个用户在浏览其他网站内容时，就会看到“北京到上海的机票优惠”等相关广告，这就是搜索重定向。

一个用户在亚马逊网站上浏览了某个货物的信息之后，如果没有完成交易就离开亚马逊网站，之后当该用户浏览其他站点时，他就会看到关于他在亚马逊网站上浏览的货物的广告。这种方式就是浏览重定向，可以及时提醒用户，促使其完成交易，提高转化率。

在两种重定向方式下，广告系统都需要通过大数据分析来判断是否应该进行重定向，以及在多长时间范围内进行重定向。有些用户搜索或浏览行为所需要的决策时间非常短，比如购买一些快销商品。用户在搜索或浏览之后，很快就完成了交易。这时候通过重定向来不断地提醒用户已经没有意义。系统收集了大量的用户行为之后，判断是否需要重定向及何时重定向就很容易了。

(3) 用户行为定向

用户的兴趣和意图决定了用户的行为，同时用户的行为也反映了用户的兴趣和意图。为了便于跟广告主交流，广告系统会定义好一个兴趣和意图的标签体系，这样就可以基于前面提到的用户行为数据为用户打上相应的标签。广告主可以选择特定的标签用来匹配广告。给用户打标签的过程一般可以描述成一个机器学习中的分类问题或聚类问题。在分类问题中，每一个用户为一个实例，其行为作为特征，通过在已知标签的用户集上学习分类模型，然后可以用学到的模型对未知标签的用户打标签。在聚类问题中，同样把一个用户作为一个实例，其行为作为特征，之后，选择合适的聚类算法进行聚类。

另外一个行为定向的方式是相似用户定向。这种情况下，广告主已经收集了一些有效的受众，希望广告系统能够挖掘出更多的相似受众。广告系统需要分析广告主提供的受众，并从其他受众中挑选出类似的受众来匹配广告。这个问题通常也被建模成一个二分类问题，其中广告主提供的受众作为正例，随机从其他受众中挑选一些受众作为负例。很显然，挑选的负例中可能包括正例，但是，通常正例占整体受众的比例很低，所以，这种影响可以忽略。有了正例和负例以后，就变成一个典型的分类问题，可以选择广泛采用的逻辑回归或支持向量机等算法来构建分类模型。然后用学到的模型对广告主提供的受众之外的其他受众分类，从分类结果中选出置信度最高的一批受众，作为相似受众推荐给广告主。

(4) 社交定向

各种社交网络蓬勃发展，Facebook、微博、微信等都积累了数亿级别的用户群体。在这些社交网络上，用户更倾向于提供真实的个人信息，而且每个用户都或多或少地与其他用户以“朋友”的关系联系起来，这些“朋友”关系反映了用户之间在某些方面的共性。因此，一个用户的兴趣，一定程度上可以用其“朋友”的行为和兴趣来推测。例如，如果一个用户点击了某个广告，那么他的朋友点击这个广告的可能性也会变大。随着社交网络的发展和社交数据的开放，基于社交关系的定向方式会发挥更大的作用。

2. 广告的未来

从 1994 年的第一个互联网广告诞生至今，短短 20 多年的时间，互联网广告迅猛发展。从广告的样式，到广告的展示环境，以及流量的售卖方式，都发生了巨大的变化。在整个发展过程中，广告投放逐步从粗放式向精细化过渡，做到了单次展示机会层面的精确匹配，使得流量变现能力、广告主 ROI 和用户体验同步提升。这个转变得益于广告系统计算能力的提升、大数据技术的进步及大规模用户数据的产生。随着移动互联网的崛起，用户和互联网之间的关系进一步加强，互联网广告必将发生更大的变化。

移动设备和穿戴式设备的普及，使得用户数据的采集更加便捷，各种云计算和大数据技术的发展也使得针对这些数据的存储和挖掘能力逐步成熟，在更全面的数据上进行更深入、精细的挖掘，可以更好地理解用户的意图，进而通过相关的广告来满足用户的需求。

广告本身就是一种信息，但是，由于以前对用户的理解不够深入，广告主要以“硬广告”的形式出现，通过打断或干扰用户的当前行为来获得用户的注意。最近，以原生广告为代表，出现了广告即信息的比较融洽的广告展示形式。在不久的将来，我们将不会再区分广告和信息，因为两者都是用来满足用户的需求，在充分理解用户需求的基础上，两者将会无缝结合。

二、 云计算与大数据的发展与趋势

（一）云计算与大数据发展

随着社交网络、物联网等技术的发展，数据正在以前所未有的速度增长和积累，IDC的研究数据表明，全球的数据量每年增长50%，两年翻一番，这意味着全球近两年产生的数据量将超过之前全部数据的总和。2011年全球数据总量已达1.8ZB；2020年，全球数据总量达到了40ZB；2021年，全球数据总量更是达到了84.5ZB。

网络技术在云计算和大数据的发展历程中发挥了重要的推动作用。可以认为信息技术的发展经历了硬件发展推动和网络技术推动两个阶段。早期主要以硬件发展为主要动力，在这个阶段硬件的技术水平决定着整个信息技术的发展水平，硬件的每一次进步都有力地推动着信息技术的发展，从电子管技术到晶体管技术再到大规模集成电路，这种技术变革成为产业发展的核心动力。但网络技术的出现逐步地打破了单纯的硬件能力决定技术发展的格局，通信带宽的发展为信息技术的发展提供了新的动力，在这一阶段通信带宽成了信息技术发展的决定性力量之一。云计算、大数据技术的出现正是这一阶段的产物，其广泛应用并不是单纯靠某一个人发明而是由于技术发展到现在的必然产物，生产力决定生产关系的规律在这里依然是成立的。当前移动互联网的出现并迅速普及更是对云计算、大数据的发展起到了推动作用。移动客户终端与云计算资源池的结合大大拓展了移动应用的思路，云计算资源得以在移动终端上实现随时、随地、随身资源服务。移动互联网再次拓展了以网络化资源交付为特点的云计算技术的应用能力，同时也改变了数据的产生方式，推动了全球数据的快速增长，推动了大数据的技术和应用的发展。

云计算是一种全新的领先信息技术，结合IT技术和互联网实现超级计算和存储的能力，而推动云计算兴起的动力是高速互联网和虚拟化技术的发展，更加廉价且功能强劲的芯片及硬盘、数据中心的发展。云计算作为下一代企业数据中心，其基本形式为大量链接在一起的共享 IT 基础设施，不受本地和远程计算机资源的限制，可以很方便地访问云中的“虚拟”资源，使用户和云服务提供商之间可以像访问网络一样进行交互操作。具体来讲，云计算的兴起有以下因素：

1. 高速互联网技术发展

网络用于信息发布、信息交换、信息收集、信息处理。网络内容不再像早些年那样是静态的，门户网站随时在更新着网站中的内容，网络的功能、网络速度也在发生巨大的变化，网络成为人们学习、工作和生活的一部分。不过网站只是云计算应用和服务的缩影，云计算强大的功能正在移动互联网、大数据时代崭露头角。

云计算能够利用现有的 IT 基础设施在极短的时间内处理大量的信息以满足动态网络的高性能的需求。

2. 资源利用率需求

能耗是企业特别关注的问题。大多数企业服务器的计算能力使用率很低，但同样需要消耗一定的能源进行数据中心降温。引入云计算模式后可以通过整合资源或采用租用存储空间、租用计算能力等服务来降低企业运行成本和节省能源。同时，利用云计算将资源集中，统一提供可靠服务，并能减少企业成本，提升企业灵活性，企业可以把更多的时间用于服务客户和进一步研发新的产品上。

3. 简单与创新需求

在实际的业务需求中，越来越多的个人和企业用户都在期待着计算机操作能简单化，能够直接通过购买软件或硬件服务而不是软件或硬件实体，为自己的学习、生活和工作带来更多的便利，能在学习场所、工作场所、住所之间建立便利的文件或资料共享的纽带。而对资源的利用可以简化到通过接入网络就可以实现自己想要实现的一切，就需要在技术上有所创新，利用云计算来提供这一切，将我们需要的资料、数据、文档、程序等全部放在云端实现同步。

4. 其他需求

连接设备、实时数据流、SOA 的采用以及搜索、开放协作、社会网络和移动商务等移动互联网应用急剧增长，数字元器件性能的提升也使 IT 环境的规模大幅度提高，从而进一步加强了对一个由统一的云进行管理的需求。

个人或企业希望按需计算或服务，能在不同的地方实时实现项目、文档的协作处理，能在繁杂的信息中方便地找到自己需要的信息等需求也是云计算兴起的原因之一。

人类历史不断地证明生产力决定生产关系，技术的发展历史也证明了技术能力决定技术的形态，纵观整个信息技术的发展历史，信息产业发展有两个重要的内在动力在不同时期起着作用：硬件驱动力、网络驱动力。这两种驱动力量的对比和变化决定着产业中不同产品的出现时期以及不同形态的企业出现和消亡的时间。也正是这两种驱动力的不断变化造成了信息产业技术体系的分分合合，技术的形态也经历了从合到分和从分到合的两个过程，由最早集中的计算到个人计算机分散的计算再到集中的云计算。

硬件驱动的时代诞生了 IBM、微软、Intel 等企业。20 世纪 50 年代最早的网络开始出现，信息产业的发展驱动力中开始出现网络的力量，但当时网络性能很弱，网络并不是推动信息产业发展的主要动力，处理器等硬件的影响还占绝对主导因素。但随着网络的发展，网络通信带宽逐步加大，从 80 年代的局域网到 90 年代的互联网，网络逐渐成了推动信息产业发展的主导力量，这个时期诞生了百度、谷歌、亚马逊等企业。直到云计算的出现才标志着网络已成为信息产业发展的主要驱动力。

（二）云计算与大数据的发展趋势

1. 云计算的发展趋势

云计算的快速发展必然会为各个行业带来新的商机，以促进其快速发展，主要趋势包含以下几个方面：

（1）简化移动终端

移动终端轻便化是人们的基本需求，也是移动终端发展的必然方向。通过云计算构建的相应平台，将主要的应用转移到云平台上，这样就大大减轻了移动终端的压力，用户只需要通过高速的网络、轻便的终端即可访问云平台应用，从而使得移动终端的配置与成本大大降低。

（2）私有云的快速发展

随着公共云的快速发展和技术逐步成熟，私有云的发展及其产品也将必然成为趋势。通过构建私有云平台，实现私有的云存储、虚拟桌面等应用，以及对专门的系统通过云集成提供针对性的系统服务，这将大大提升部门的运作效率，降低成本投入。

（3）促进物联网快速发展

物联网是互联网发展的延伸，是互联网与生活中实物联通的具体实现。云计算技术的出现，使得物联网发展的经济成本与技术成本大大降低，通过构建相应的云平台即可实现物联网基础设施、应用系统与服务的实现，从而加速物联网技术的发展。

2. 大数据的发展趋势

大数据的未来发展必定风云变化，主要发展方向大概包括以下几个内容：

（1）结构多样化

基于大数据的信息系统架构必然多样化，借助云计算的发展，实现分布式存储与管理的基本构架，对于图片、音频、视频等非格式化数据的存储与管理的计算框架以及对网络实时流分析与计算的基本框架将会并存。

（2）大数据预测

大数据的智能预测功能必然成为未来发展趋势。例如，在金融危机中，阿里巴巴公司通过对淘宝网的用户购买行为的分析，发现包括欧美在内的大部分区域的买家询盘数急剧下降，也就提前预测了全球的经济走势，最终躲避金融危机的伤害。同样地，通过大数据预测未来的行为必然成为趋势，尤其是在经济金融、自然灾害等方面都会得到广泛的发展与应用。

（3）智慧城市的构建

智慧城市的发展是未来城市发展的必然趋势，而大数据技术成为智慧城市快速发展核心技术。智能交通、全民医疗、智能政府管理、企业发展等方面都离不开大数据的支持，相信大数据在智能城市构建上有非常广泛的应用前景。

第二节　计算机数据处理机器学习的应用领域

一、互联网领域

（一）机器学习与互联网

机器学习是关于计算机基于数据构建模型并运用模型来模拟人类智能活动的一门学科。机器学习实际上体现了计算机向智能化发展的必然趋势。现在当人们提到机器学习时，通常是指统计机器学习或统计学习。

机器学习最大的优点是它具有泛化能力，也就是可以举一反三。无论是在什么样的图片中，甚至是在抽象画中，人们都能够轻而易举地找出其中的人脸，这种能力就是泛化能力。当然，统计学习的预测准确率不能保证100%。

搜索引擎大大提高了人们工作、学习以及生活的质量。而互联网搜索的基本技术中，机器学习占据着重要的位置。

互联网搜索有两大挑战和一大优势。挑战包括规模挑战与人工智能挑战，优势主要是规模优势。

规模挑战：例如，搜索引擎能看到万亿量级的网址，每天有几亿、几十亿的用户查询，需要成千上万台的机器抓取、处理、索引网页，为用户提供服务。这需要系统、软件、硬件等多方面的技术研发与创新。

人工智能挑战：搜索最终是人工智能问题。搜索系统需要帮助用户尽快、尽准、尽全地找到信息。这从本质上需要对用户需求如查询语句，以及互联网上的文本、图像、视频等多种数据进行“理解”。现在的搜索引擎通过关键词匹配以及其他“信号”，能够在很大程度上帮助用户找到信息。但是，这还是远远不够的。

规模优势：互联网上有大量的内容数据，搜索引擎记录了大量的用户行为数据。这些数据能够帮助我们找到看似很难找到的信息。例如，“纽约市的人口是多少”“春风又绿江南岸作者是谁”。另外，低频率的搜索行为对人工智能的挑战就更显著。

现在的互联网搜索在一定程度上能够满足用户信息访问的一些基本需求，也是因为机器学习在一定程度上能够利用规模优势去应对人工智能挑战。但距离“有问必答，准、快、全、好”这一理想还是有一定距离的，这就需要开发出更多更好的机器学习技术解决人工智能的挑战。

（二）机器学习与物联网

物联网是新一代信息技术的重要组成部分，顾名思义，物联网就是物物相连的互联网，其实现方式主要是通过各种信息传感设备，实时采集任何需要监控、连接、互动的物体或过程等各种需要的信息，与互联网结合形成的一个巨大网络。其目的是实现物与物、物与人，所有的物品与网络的连接，方便识别、管理和控制。

物联网的组成可归纳为以下四个部分：物品编码标识系统，它是物联网的基础；自动信息获取和感知系统，它解决信息的来源问题；网络系统，它解决信息的交互问题；应用和服务系统，它是建设物联网的目的。

在物联网的基础层，信息的采集主要靠传感器来实现，视觉传感器是其中最重要也是应用最广泛的一种。研究视觉传感器应用的学科即是机器视觉，机器视觉相当于人的眼睛，主要用于检测一些复杂的图形识别任务。现在越来越多的项目都需要用到这样的检测，如 AOI 上的标志点识别、电子设备的外观瑕疵检测、食品药品的质量追溯以及 AGV 上的视觉导航等，这些领域都是机器视觉大有用途的地方。同时，随着物联网技术的持续发酵，机器视觉在这一领域的应用正在引起大家的广泛关注。

在自动信息获取和感知系统中，用到最多的技术是自动识别技术，它是指条码、射频、传感器等通过信息化手段将与物品有关的信息通过一定的方法自动输入计算机系统的技术的总称。自动识别技术在 20 世纪 70 年代初步形成规模，它帮助人们快速地进行海量数据的自动采集，解决了应用中由于数据输入速度慢、出错率高等造成的“瓶颈”问题。目前，自动识别技术被广泛地应用在商业、工业、交通运输业、邮电通信业、物资管理、仓储等行业，为国家信息化建设做出了重要贡献。在目前的物联网技术中，基于图像传感器采集后的图像，一般通过图像处理来实现自动识别。条码识读、生物识别（人脸、语音、指纹、静脉）、图像识别、OCR 光学字符识别等，都是通过机器视觉图像采集设备采集到目标图像，然后通过软件分析对比图像中的纹理特征等，实现自动识别。目前国内机器视觉厂商中，视觉产品在物联网行业中应用较多的有维视图像，其产品在该行业的主要应用方向如基于图像处理技术的织物组织自动识别、指纹自动识别、条纹痕迹图像处理自动识别、动物毛发及植物纤维显微自动识别等。

二、 商业领域

（一） 业务流程自动化

机器再造工程（Machine-reengineering）是一种使用机器学习实现业务流程自动化的方式。尽管机器再造工程是一项新兴技术，企业已经看到了显著成效，尤其是在提高运作速度和效率方面。

以下是企业如何通过机器再造工程技术提高速度和效率的几个例子。

1. 扫描图像、声音和文本

在企业实行数字战略的同时，产生了一种新的高强度工作任务，即处理公司收集到的所有数据。这些数据是高度无结构的，而且有着各种各样的格式，这意味着人们需要花很大的精力去逐个扫描来获取需要的数据，而后完成流程当中的一步。以数字化数据扫描为核心的人机合作模式至少能够提高三种常规数据处理任务的速度。

2. 视频预览

Clarifai 是一家总部在纽约的创业公司，该公司利用机器学习来识别视频中的人物、物体和场景，其分析识别速度远远快于人类。在演示中，处理一段 3.5 分钟的视频片段只需要 10 秒。这项技术能识别视频中不同类型的人物，如说登山者，可以帮助广告商更好地将广告和视频结合起来。它还能用来帮助视频编辑和策展团队发现组织视频集锦及编辑视频脚本的新方法。这个自动编辑助手极大地改变了媒体、广告和电影产业工作者的日常工作模式。

3. 图像分析

MetaMind 是另一家位于硅谷的创业公司。该公司提供一种叫作 HealthMind 的服务，使用计算机视觉分析大脑、眼睛和肺的医学扫描图片，发现肿瘤或组织损伤。HealthMind 的自然语言处理、计算机视觉和数据预测算法都依靠深度学习技术。使用 HealthMind 的结果是医生可以用更少的时间分析图像，用更多的时间去和病人交流。

4. 文件和数据输入

机器可以学会执行耗时的文件和数据输入任务，从而让知识工作者花更多的时间解决更有价值的问题。总部在伦敦的创业公司 Attia 就是一个例子。它能帮助客户自动生成从健康医疗到金融再到石油天然气行业的产业报告。该公司的自然语言处理技术通过扫描文本、确定不同概念之间的联系来生成报告。而且它还能刷新输入的数据来不断更新报告。Attia 发现这个过程能让知识工作者提高 25%的工作效率，如工程师，可以每月省下 40 个小时做报告的时间。

5. 挖掘数据内部价值

随着工作流程中数据量的增加，分析、处理数据所需要的时间也随之增加。我们在股票交易、市场营销和工业制作的过程中已经能看到这样的现象。大量数据的涌入会让人们更难寻找到关键的、有意义的信息。但有了机器这个帮手，人们可以更快地从大数据中挖掘出有价值的见解。

（二）市场营销

营销的价值在于满足需求，但事实上消费者的需求很难解析。他们的需求每天都在变化，针对性不强或相关性低的广告和邮件很难被消费者接受。除了工作流程自动化和客户服务 bot，越来越多的软件也在帮助品牌商理解甚至预测消费者最细微的需求。

营销 1.0 版本所代表的 20 世纪早期的市场，销售产品给表现出需求的人。20 世纪 50 年代，市场营销 2.0 崛起了，广告激发了消费者的购买欲。营销 3.0 时代是一个新阶段，机器学习使销售人员超越之前模式，在增加营销影响力和效率的同时，回归营销的最初目的。

营销 1.0：满足已表达出来的需求；

营销 2.0：创造需求，然后满足需求；

营销 3.0：通过机器分析需求，然后满足需求。

通过机器学习，营销 3.0 更快、更精确地在恰当的环境中将消费者和产品进行匹配，同时锁定具有明确需求和隐含需求的消费者。机器从大量现实世界的例子中学习，通过观察过去的行为来预测未来的意图。营销人员无须掌握从大量数据中产生的精确模式，或总结决定人们行为的规则。换句话讲，机器学习使营销人员完成了一次角色转换，从尝试操纵客户的需求变成了满足他们在特定时刻的实际需求。

对于连接在线和离线互动，如在移动广告、电子邮件营销活动以及电话会话和现场体验等方面，预测功能具有大量可能性。随着谷歌、脸书以及苹果和亚马逊加大语音助理和自然语言处理技术的投资，这种互动的预测正在成为现实。

语音将成为营销人员在机器学习能力与创造人类体验需求之间寻找平衡点的关键。即使机器可以在恰当的时间表达信息和建议，消费者仍然希望建立人与人之间的对话，特别是当涉及复杂或昂贵的产品的购买时。

机器的作用在于寻找消费者行为与其最终目的之间的关联。营销人员的角色是搞清楚如何增强软件的作用，如在自动化方面，在购买行为完成之后自动发送电子邮件，以及预测什么是最吸引顾客的产品。未来营销 4.0 的浪潮将进一步满足消费者已表达的和未表达的需求。

（三）推荐系统

当今社会，机器学习被广泛应用在金融、商业、市场、工厂等各个重大的领域，包括用来预测信用卡的诈骗、识别拦截垃圾邮件以及图像识别等。就机器学习在金融领域来讲，有两个常见的例子：

1. 对市场价格的预测

对市场价格的预测主要包括对商品价格变动的分析，可归为对影响市场供求关系的诸多因素的综合分析。传统的统计经济学方法因其固有的局限性，难以对价格变动做出科学的和准确的预测，而机器学习中的神经网络能够处理不完整的、模糊不确定的或规律性不明显的数据，所以用神经网络进行价格预测有着传统方法无法比拟的优势。从市场价格的确定机制出发，依据影响商品价格的家庭户数、人均可支配收入、贷款利率、城市化水平等复杂、多变的因素，建立较为准确可靠的模型。该模型可以对商品价格的变动趋势进行科学预测，并得到准确客观的评价结果。

2. 风险评估

风险是指在从事某项特定活动的过程中，因其存在的不确定性而产生的经济或财务的损失、自然破坏或损伤的可能性。防范风险的最佳办法就是事先对风险做出科学的预测和评估。应用机器学习中的神经网络的预测思想是根据具体现实的风险来源，构造出适合实际情况的信用风险模型的结构和算法，得到风险评价系数，然后确定实际问题的解决方案。利用该模型进行实证分析能够弥补主观评估的不足，可以取得满意效果。

三、农业信息化建设领域

（一）数字农业

随着农业信息化的迅速发展，作物图像信息成为农业大数据的主体。

农业是一个复杂的生命系统，具有典型的生态区域性和生理过程复杂性。信息技术是推动社会经济变革的重要力量，加速信息化发展是世界各国的共同选择。我国是个农业大国，对农业信息化技术与科学有着巨大需求。我国农业信息技术通过近 10 多年的发展，大量的国家级项目得以成功实施，如“土壤作物信息采集与肥水精量实施关键技术及装备”“设施农业生物环境数字化测控技术研究应用”“北京市都市型现代农业 221 信息平台研发与应用”“黄河三角洲农产品质量安全追溯平台”，农业信息化取得了丰硕成果。

农业物联网成为农业信息化系统的重要设施，它将视频传感器节点组建为监控网络，远程监护作物生长，帮助农民及时发现问题。农业物联网运用温度、湿度、pH 值、CO_2 及光传感器等设备。

检测生产环境中的诸多农情环境参数，通过仪器仪表实时显示和自动控制，保证一个良好的、适宜农作物的生长环境，它能设定作物栽培的最优条件，为环境精确调控奠定了科学依据，提高产量、优化农产品品质、改善生产力水平。在此过程中，随着农业物联网发展迅速，农业大数据现象急剧凸显。

果园物联网建设大大提升了果蔬生产能力和效益。例如，北京农科院在顺义区农科所基地、绿富农果蔬专业合作社、康鑫园农业生产基地等果蔬基地安装土壤环境信息感知、空气环境信息感知、气象信息监测感知、视频信息感知各类感知设备 130 套，配套自动灌溉及用水调度调控及温室环境综合调控设备 45 套，并预留处理接口，实现云端控制，提供手机、计算机的设施农业生产过程监管和农产品市场行情云服务。

定点视频感知设备是产生农业图像数据的重要源头。例如，中国农业科学院主导的项目“小麦苗情远程监控与诊断管理”，按 100 个监测点计算，每天就产生约 1TB 的高清数据。在小麦数据监控工作中，对生育期进程进行监测，在监测的过程中研究探讨不同发育时期各项生理指标的变化，如何利用监测数据进行科学的判断决策，为小麦化学除草技术及用药提供指导，例如，除草剂是植物毒剂，除草效果受环境条件、用药技术水平的影响较大，技术指导对改进除草效果有着潜在的建设性意义。

移动农业机器人也是农业图像信息获取的主要途径。农业机器人本质上是一种智能化农业机械。它的出现和应用，改变了传统的农业劳动方式，改变了定点视频监控局面，实现了农情信息“巡防”，能够捕获更精准、多角度的农业图像信息。

因此，伴随着农业智能设备及传感器、物联网的普遍应用，海量有价值的农业图像数据和农情信息得以采集存储，如何对这些数据特别是图像数据进行处理，从中发现并提取新颖的农业知识模式，成为发掘项目效益和促进农业生产力发展的关键举措。相对于海量积累的农业数据，机器学习的行业基础技术储备严重不足，农业领域现有处理技术无法满足如此大规模信息的即时分析挖掘需求。如何进行数据处理和学习，挖掘有价值的农业生产知识，使之有效地服务于智慧农业，已经成为现代农业发展的突出科技问题。

（二）机器视觉与农业生产自动化

机器视觉技术在农业生产上的研究与应用，始于20世纪70年代末期，主要研究集中于桃、香蕉、西红柿、黄瓜等农产品的品质检测和分级。由于受到当时计算机发展水平的影响，检测速度达不到实时的要求，处于实验研究阶段。随着电子技术、计算机软硬件技术、图像处理技术及与人类视觉相关的生理技术的迅速发展，机器视觉技术本身在理论和实践上都取得了重大突破。在农业机械上的研究与应用也有了较大的进展，除农产品分选机械外，目前已渗透到收获、农田作业、农产品品质识别以及植物生长检测等领域，有些已取得了实用性成果。

农作物收获自动化是机器视觉技术在收获机械中的应用，是近年来最热门的研究课题之一。其基本原理是在收获机械上配备摄像系统，采集田间或果树上作业区域图像，运用图像处理与分析的方法判别图像中是否有目标，如水果、蔬菜等，发现目标后，引导机械手完成采摘。研究涉及西红柿、卷心菜、西瓜、苹果等农产品，但是，由于田间或果园作业环境较为复杂，采集的图像含有大量噪声或干扰，如植物或蔬菜的果实常常被茎叶遮挡，田间光照也时常变化，因此，造成目标信息判别速度较慢，识别的准确率不高。

由于受计算机、图像处理等相关技术发展的影响，机器视觉技术在播种、施肥、植保等农田作业机械中的应用研究起步较晚。农药的粗放式喷洒是农业生产中效率最低、污染最严重的环节，因此需要针对杂草精确喷洒除草剂，针对大田植株喷洒杀虫剂进行病虫害防治。采用机器视觉技术进行农田作业时，需要解决植株秧苗行列的识别、作物行与机器相对位置的确定导向和杂草与植株的识别等主要问题。

农产品品质自动识别是机器视觉技术在农业机械中应用最早、最多的一个方面，主要是利用该项技术进行无损检测。一是利用农产品表面所反映出的一些基本物理特性对产品按一定的标准进行质量评估和分级。需要进行检测的物理参数有尺寸、质量形状、色彩及表面缺损状态等。二是对农产品内部品质的机器视觉的无损检测。例如：对玉米籽粒应力裂纹机器视觉无损检测技术研究，采用高速滤波法将其识别出来，检测精度为90%；烟叶等级判断的研究在实验室已达到较高的识别效果，与专家分级结果的吻合率约为83%。三是对果梗等情况的准确判别对水果分级具有非常重要的意义。由于农产品在生产过程中受到人为和自然生长条件等因素的影响，其形状、大小及色泽等差异很大，很难做到整齐划分及根据质量、大小、色泽等特征进行的质量分级、大小分级，通常只能进行单一指标的检测，不能满足分级中对综合指标的要求，还需配合人工分选，分选的效率不高，准确性较差，也不利于实现自动化。长期以来，品质自动化检测和反馈控制一直是难以实现农产品品质自动识别的关键问题。

设施农业生产中，为了使作物在最经济的生长空间内，获得最高产量、品质和经济效益，达到优质高产的目的，必须提高环境调控技术。利用计算机视觉技术对植物生长进行监测具有无损、快速、实时等特点，它不仅可以检测设施内植物的叶片面积、叶片周长、茎秆直径、叶柄夹角等外部生长参数，还可以根据果实表面颜色及果实大小判别其成熟度以及作物缺水缺肥等情况。

（三）作物病害识别

1. 作物图像信息自动识别有助于作物病害长势的智能解读及预警

当农民看到小麦地里长出了杂草时，他的第一反应是如何除草。当果农看到果体体表出现腐烂、轮纹或者黑星时，第一反应是“果实得了什么病，该喷什么药，防止其蔓延”。当农业生产环境中的视频感知设备，或者农业机器人感知到类似的图像信息时，大部分设备，只是当作什么都没发生，如往常一样把这些信息数字化并记录下来，传输到云端保存起来，这就是视频设备对农情的视而不见。

设备只能采集图像，缺乏加工提取功能，无法得到有价值的信息。对云端的农情图像信息进行分析识别处理，而使得系统能做出类似智能生命体的响应，这成为解决问题的首要任务。要设备能够“看得见”，关键是具备图像信息的识别功能，农业图像信息识别在生产中有着广泛的应用。

提高农业机械作业的效率。在大田杂草识别方面，采用机器视觉图像信息，基于纹理、位置、颜色和形状等特征，识别作物（玉米、小麦）行间在苗期的杂草，有针对性地变量喷洒化学制剂，提高精准农业的效率。

开发高智能水平的农业机器人。在农业机器人视觉领域，中国农业大学实验室研制的农业机器人，成功执行从架上采摘黄瓜放到后置筐的操作过程，它装备了感应智能采摘臂，通过电子眼，可以在80~160厘米高度内定位到成熟黄瓜的空间位置，并且自动地伸出采摘手臂实施采摘，再由机械手末端的柔性手臂根据瓜体表皮软硬度自动紧握黄瓜，再用切刀割断瓜梗，缓缓送入安装在机器人后面的果筐。其中，关键的系统是果实识别，利用黄瓜果实和背景叶片在红外波段呈现较大的分光反射特性上的差异，将果实和叶片从图像中分离。

实时预警和识别作物病虫害。有研究人员基于图像规则与安卓手机的棉花病虫害诊断系统，通过产生式规则专家系统和现场指认式诊断，开发了基于安卓的病害诊断。通过在现场实时获取作物的长势信息，通过智能识别和诊断系统，对其病虫害感染情况做出科学判断。

处理识别非结构化的图像数据成本高，过程复杂。在农业大数据中，结构化的数值数据如气象、土壤等，其含义已经明确，数据和生态环境相关性可以通过农学知识给出，知识挖掘任务主要是探讨其中时间序列的规律以指导农业耕作，其数据容量，相比于图像是很小的。图像直观、形象地表达了作物生长、发育、健康状况、受害程度、病因等方方面面的信息。资深农学专家能看懂，悟出其中语义，做出准确把握，为农技措施给出科学指导。让机器视觉设备能实施同样工作，就是研究的终极目标。培养资深专家高昂的社会成本、时间成本和稀缺性，以及大数据的海量、决策紧迫性都使得依靠人力来快速、科学解读农业数据的海量图像信息显得极不现实，图像信息的机器识别对于问题的解决能发挥出巨大的推动作用。

2. 作物病害图像识别促进精准、高效、绿色农业发展

农业生产过程中，生理病变和虫害侵袭仍然是妨碍作物生长的基本问题。在病害空间分布、杂草种类不能准确识别的前提下，盲目性地、笼统地喷洒化肥、杀虫制剂等化学物质不仅会造成大量浪费，而且会严重污染土壤环境，危及食品、食材安全，影响人类健康。因此，研究如何利用机器视觉和图像感知自动、及时、精确识别作物和杂草、健康作物和病害作物以及病变种类就十分必要。

农药残留威胁着生态环境和人类健康。喷洒后的农药，一些附着在农作物表面，或渗入其体内，使粮食、蔬菜、水果等受到污染；另一部分飘落在地表或挥发、飘散到空气中，或混入雨水及灌溉排水进入河流湖泊，污染水源和水中生物。残留农药途经饲料，使禽畜产品受到污染；还有一部分通过空气、饮水、食物，最后进入人体，引发多种病害。

此外，过量的化学肥料破坏农业生态环境。农田所追加的各品种和形态的化学肥料，都不可能百分之百被作物吸收，不能吸收的部分给农业生产造成大量浪费，给农业环境带来污染。农业要持续发展，必须尽快实施精准农业策略和化学制剂变量追加，降低农业成本和培养市场竞争优势，保护生态环境，实现可持续发展。

利用视频感知和人工智能技术识别病变图像是实现精准农业变量投入的技术前提，成为精准、高效、绿色、安全、可持续农业的基石。最近几年，信息加工、机器学习技术取

得了长足发展，CPU、内存等硬件性价比也大幅度提高，这些进一步为感知图像的人工智能识别技术在农业信息化领域的应用及科学研究提供了有力支撑，为提高农作物精确化水平提供了可能。

四、医疗领域

随着人工智能技术的演进，其在医疗健康领域的应用愈发广泛和深入，当下人工智能已不断加速医疗领域的发展，在个人基因、药物研发、新疾病的诊断和控制方面展开了一系列变革。人工智能和机器学习在医疗健康领域的应用正在重塑着整个行业的形貌，并将曾经的不可能变成可能。

在医疗健康领域，活跃着世界上最具创新性的初创公司，它们致力于为人类带来更高质量的生活和更长的生命。软件和信息技术刺激了这些创新的产生和发展，数字化的健康和医疗数据使得医疗的研究和应用进程不断加速。

近年来，以人工智能和机器学习为首的先进技术让软件变得越来越智能和独立，不断加速着健康领域的创新步伐，也使得业界得以在有些领域展开一系列变革，如个人基因、药物研发、新疾病的诊断和控制。

这些技术为医疗健康领域带来了巨大的发展机会，在某一个细分领域拥有差异化和高附加值产品的企业，将会收获巨大的回报。

（一）脑网络

人脑的结构和功能极其复杂，理解大脑的运转机制，是新世纪人类面临的最大的挑战之一。世界各国投入了大量的人力和物力进行研究。脑科学研究成果一方面将为人类更好地了解大脑、保护大脑、开发大脑潜能等方面做出重要贡献，同时也有助于加深对阿尔茨海默病及其早期阶段即轻度认知功能障碍、帕金森病等脑疾病的理解，找到一系列神经性疾病的早期诊断和治疗新方法。

大量医学和生物方面的研究成果表明，人的认知过程通常依赖于不同神经元和脑区间的交互。近年来，现代成像技术如磁共振成像和正电子发射断层扫描等提供了一种非侵入式的方式来有效探索人脑及其交互模式。

从脑影像数据可进一步构建脑网络，由于脑网络能从脑连接层面刻画大脑功能或结构的交互，脑网络分析已成为近年来脑影像研究中的一个热点。目前，脑网络分析研究主要包括：①探索大脑区域之间结构性和功能性连接关系；②分析一些脑疾病所呈现的非正常连接，从而寻找可能对疾病敏感的一些生物标记。由于增加了具有生物学意义测量的可靠性，从脑影像中学习连接特性对识别基于图像的生物标记展现了潜在的应用前景。

脑网络是对大脑连接的一种简单表示。在脑网络中，节点通常被定义为神经元、皮层或感兴趣区域，而这对应着它们之间的连接模式。根据边的构造方式，可以把脑网络分为以下两种：①结构性连接网络，指不同神经元之间医学结构上的连接模式，其边一般是（神经元的）轴突或纤维。②功能性连接网络，是指大脑区域间功能关联模式，其可以通过测量来自功能性磁共振成像或脑电/脑磁数据的神经电生理活动时序信号而获得。如果构建的连接网络的边是有向的，则又称为有效连接网。

脑网络分析提供了一个新的途径来探索脑功能障碍与脑疾病相关的潜在结构性破坏之间的关联。已有研究表明，许多神经和精神疾病能被描述为一些异常的连接，表现为大脑区域之间连接中断或异常整合。例如，阿尔茨海默病人功能性连接网络的小世界特性发生了变化，反映出系统的完整性已被破坏。同时，阿尔茨海默病和轻度认知损伤（Mild Cognitive Impairment，MCI）病人的海马与其他脑区的连接以及额叶和其他脑区的连接也已改变。目前，有关脑网络分析的研究可以大致分为两类：①基于特定假设驱动的群组差异性测试，如小世界网络、默认模式网络和海马网络等；②基于机器学习方法的个体分类和预测。

在第①类中，研究工作主要集中在利用图论分析方法寻找疾病在脑网络功能上的障碍，从而揭示患者大脑和正常人大脑之间的连接性差异。通过使用组对比分析的方法，一些研究者已经研究了阿尔茨海默/轻度认知损伤的大脑网络，并在各种网络中发现了一些非正常连接，包括默认模式网络及其他静息态网络。另外，研究者还分析和发现了精神分裂症中一些非正常的功能性连接。然而，这一类研究主要的限制是一般只寻找支持某种驱动假设的证据，而不能自动完成对个体的分类。

在第②类研究工作中，机器学习方法被用来训练分类模型，从而能够精确地对个体进行分类。例如，研究者利用弥散张量图像和功能性磁共振成像（Functional Magnetic Resonance Imaging，FMRI）构建网络学习模型用于阿尔茨海默和轻度认知损伤的分类研究。另外，研究者也基于脑网络模型开展其他脑疾病研究，如精神分裂症、儿童自闭症、网络成瘾和抑郁症等。由于能够从数据中自动分析获得规律，并利用规律对未知数据进行预测以及辅助寻找可能对疾病比较敏感的生物标记，基于机器学习的脑网络分析已成为一个新的研究热点，并吸引了越来越多研究者的兴趣。

（二）基因功能注释

随着高通量技术如基因芯片、测序的发展，涌现出关于物种的各种高通量数据，如基因表达谱、蛋白相互作用（Protein Protein Interaction，PPI）、蛋白质结构、基因组突变、表观遗传修饰、转录因子结合位点等。各式各样数据库的建立，使得利用计算机、数学及统计学的方法进行基因功能注释成为可能。近年来，生物信息学家不断地改进算法和策略，试图更加准确地对基因进行功能注释，其中最为常见的是机器学习方法。

机器学习方法用于基因功能注释中。常将输入数据分为正集合和负集合，正集合为具有该功能的基因及其特征，负集合为不具有该功能的基因及其特征。这些特征主要包括提取自蛋白质序列与结构，互作网络包括蛋白质序列长度、分子量、原子数、总平均亲水指数、氨基酸组成、理化特性、二级结构、亚细胞定位、表达等。这些特征输入模型进行训练，以构建该功能的分类器，从而对新基因是否具有该功能进行预测。

（三）中医药配方评估

中医药是一门经验学科，发源于中国黄河流域，很早之前就形成了门具有特色的学术体系。在漫长的历史过程中，劳动人民有着许多奇妙的创造，涌现了大批中医药领域的名医，并且出现了不同的学派，各个朝代和中医从业者编著了大量相关的名著，并留传下了不断被后人研究的基础中医配方。中医药是几千年中国劳动人民的智慧结晶。

大量的经典书籍、历代积累的方剂以及现代人们在实践中产生的中医药数据很难依靠人工处理的方法进行中医药理论基础的研究，该过程尤其缓慢，而数据挖掘就是为了解决“数据丰富”与“知识贫乏”之间的矛盾，如果能利用机器学习的方法辅助中医药的研究，就可以大量节省人力成本，同时提高中医药的客观性，从而能够更好地推广中医药。事实上，中药知识的累积就是一个十分长久并且自主应用“机器学习”的方法的过程，留传下来的都是积极成功的治疗方法或经验，消极失败的经验被摒弃或者被记录下来以示警戒。依据古人多年的知识经验和实践，人们通过进一步研究而形成了现代中医理论，如方剂的君臣佐使结构、“十八反”研究、药物配伍关系等。

为了提高中医药研究的客观性，许多中医药学者和计算机科学学者使用科学实验、数据分析的方法对中医药进行研究。关联规则、频繁项集、聚类分析和 ANN 是在中医领域应用得最多的方法，从已发表论文来看，已经有研究者将复杂网络应用到中药预测分析上，也有相关人员尝试了使用 ANN 和支持向量机等方法进行中药指纹图谱模式识别问题研究分析，同样，关联规则和频繁项集也已经被应用到了中药“十八反”的禁忌问题研究上，还有很多将数据挖掘或者机器学习等相关计算机技术与中医药问题相结合的研究，为中医药研究的客观性和自动化提供了一种新的思路。

第三节　虚拟化的数据中心技术

一、虚拟化

虚拟化是将物理 IT 资源转换为虚拟 IT 资源的过程。大多数 IT 资源都能被虚拟化，包括：服务器（server）——一个物理服务器可以抽象为一个虚拟服务器；存储设备（storage）——一个物理存储设备可抽象为一个虚拟存储设备或一个虚拟磁盘；网络（network）——物理路由器和交换机可以抽象为逻辑网络，如 VLAN；电源（power）一个物理 UPS 和电源分配单元可以抽象为通常意义上的虚拟 UPS。

这里重点介绍通过服务器虚拟化技术创建和部署虚拟服务器。

用虚拟化软件创建新的虚拟服务器时，先是分配物理 IT 资源，然后是安装操作系统。虚拟服务器使用自己的客户操作系统，独立于创建虚拟服务器的操作系统。

在虚拟服务器上运行的客户操作系统和应用软件都不会感知到虚拟化的过程，也就是说，这些虚拟化 IT 资源就好像是在独立的物理服务器上安装执行一样。这样程序在物理系统上执行和在虚拟系统上执行就是一样的，这种执行上的一致性是虚拟化的关键特性。通常，用户操作系统要求软件产品和应用可以在虚拟环境中无缝使用，而不需要为此对其进行定制、配置或修改。

运行虚拟化软件的物理服务器称为主机（host）或物理主机（physical host），其底层硬件可以被虚拟化软件访问。虚拟化软件功能包括系统服务，具体说来是与虚拟机管理相关的服务，这些服务通常不会出现在标准操作系统中。因此，这种软件有时也称为虚拟机管理器或虚拟机监视器（Virtual Machine Monitor，VMM）。

（一）硬件无关性

在一个 IT 硬件平台上配置操作系统和安装应用软件会导致许多软硬件依赖关系：非虚拟化环境下，操作系统是按照特定的硬件模型进行配置的，当硬件资源发生变化时，操作系统需要重新配置，而虚拟化则是一个转换的过程，它对某种 IT 硬件进行仿真，将其标准化为基于软件的版本。依靠硬件无关性，虚拟服务器能够自动解决软硬件不兼容的问题，很容易地迁移到另一个虚拟主机上。因此，克隆和控制虚拟 IT 资源比复制物理硬件要容易得多。

（二）服务器整合

虚拟化软件提供的协调功能可以在一个虚拟主机上同时创建多个虚拟服务器。虚拟化技术允许不同的虚拟服务器共享同一个物理服务器。这就是服务器整合，通常用于提高硬件利用率、负载均衡以及对可用 IT 资源的优化。服务器整合带来了灵活性，使得不同的虚拟服务器可以在同一台主机上运行不同的客户操作系统。

服务器整合是一项基本功能，它直接支持着常见的云特性，如按需使用、资源池、灵活性、可扩展性和可恢复性。

（三）资源复制

创建虚拟服务器就是生成虚拟磁盘映像，它是硬盘内容的二进制文件副本。主机操作系统可以访问这些虚拟磁盘映像，因此，简单的文件操作（如复制、移动和粘贴）可以用于实现虚拟服务器的复制、迁移和备份。这种操作和复制的方便性是虚拟化技术最突出的特点之一，它有助于实现以下功能：

1. 创建标准化虚拟机映像，通常包含了虚拟硬件功能、客户操作系统和其他应用软件，将这些内容预打包入虚拟磁盘映像，以支持瞬时部署。

2. 增强迁移和部署虚拟机新案例的灵活性，以便快速向外和向上扩展。

3. 回滚功能，将虚拟服务器内存状态和硬盘映像保存到基于主机的文件中，可以快速创建虚拟机（VM）快照（操作员可以很容易地恢复这些快照，将虚拟机还原到之前的状态）。

4. 支持业务连续性，具有高效的备份和恢复程序，可为关键 IT 资源和应用创建多个实例。

（四）基于操作系统的虚拟化

基于操作系统的虚拟化指在一个已存在的操作系统上安装虚拟化软件，这个已存在的操作系统被称为宿主操作系统。比如，一个用户的工作站安装了某款 Windows 操作系统，现在想生成虚拟服务器，于是，就像安装其他软件一样，在宿主操作系统上安装虚拟化软件。该用户需要利用这个应用软件生成并运行一个或多个虚拟服务器，并对生成的虚拟服务器进行直接访问。由于宿主操作系统可以提供对硬件设备的必要支持，所以，即使虚拟化软件不能使用硬件驱动程序，操作系统虚拟化也可以解决硬件兼容问题。

其中，VM 首先被安装在完整的宿主操作系统上，然后被用于产生虚拟机。

虚拟化带来的硬件无关性使得硬件 IT 资源的使用更加灵活。比如，考虑这样一个情况，物理计算机可以使用 5 个网络适配器，宿主操作系统有必要的软件来控制这 5 个适配器。那么，即使虚拟化操作系统无法实际容纳 5 个网络适配器，虚拟化软件也能使虚拟服务器使用这 5 个适配器。

虚拟化软件将需要特殊操作软件的硬件 IT 资源转换为兼容多个操作系统的虚拟 IT 资源。由于宿主操作系统自身就是一个完整的操作系统，因此，许多用来作为管理工具的基于操作系统的服务可以被用来管理物理主机。

这些服务的例子包括：

1. 备份和恢复。

2. 集成目录服务。

3. 安全管理。

基于操作系统的虚拟化会产生与性能开销相关的如下需求和问题：

1. 宿主操作系统消耗 CPU、内存和其他硬件 IT 资源。来自客户操作系统的硬件相关调用需要穿越多个层次，降低整体性能。

2. 宿主操作系统通常需要许可证，而其每个客户操作系统也需要一个独立的许可证。

基于操作系统的虚拟化还有一个关注重点是运行虚拟化软件和宿主操作系统所需的处理开销，实现一个虚拟化层会对系统整体性能产生负面影响。而对影响结果的评估、监控和管理颇具挑战性，因为这要求具备对系统工作负载、软硬件环境和复杂的监控工具的专业知识。

（五）基于硬件的虚拟化

基于硬件的虚拟化是指将虚拟化软件直接安装在物理主机硬件上，从而绕过宿主操作系统，这也适用于基于操作系统的虚拟化。

由于虚拟服务器与硬件的交互不再需要来自宿主操作系统的中间环节，因此，基于硬件的虚拟化通常更高效。

在这种情况下，虚拟化软件一般是指虚拟机管理程序，它具有简单的用户接口，需要的存储空间可以忽略不计。它由处理硬件管理功能的软件构成，形成了虚拟化管理层。它虽然没有实现许多标准操作系统的功能，但是优化了设备驱动程序和系统服务。因此，这种虚拟化系统主要优化协调所带来的性能开销，这种协调使得多个虚拟服务器可以在同一个硬件平台进行交互。

基于硬件虚拟化的一个主要问题是与硬件设备的兼容性。虚拟化层被设计为直接与主机硬件进行通信，这就意味着所有相关的设备驱动程序和支撑软件都要与虚拟机管理程序兼容。硬件设备驱动程序可以被操作系统调用，却不表示它们同样可以被虚拟机管理程序平台使用。操作系统的高级功能通常包括宿主机控制与管理功能，但是虚拟机管理程序中就不一定有这些功能。

（六）虚拟化管理

与使用物理设备相比，许多管理任务使用虚拟服务器会更容易执行。当前的虚拟化软件提供了一些先进的管理功能，使得管理任务自动化，并减少虚拟 IT 资源上的总体执行负担。虚拟化 IT 资源的管理通常是由虚拟化基础设施管理（Virtualization Infrastructure Management，VIM）工具来实现。这个工具依靠集中管理模块对虚拟 IT 资源进行统一管理，也被称为控制器，在专门的计算机上运行。VIM 一般包含在资源管理系统机制中。

（七）其他考量

性能开销——对于高工作负载而又较少使用资源共享和复制的复杂系统而言，虚拟化可能并不是理想的选择。一个欠佳的虚拟化计划会导致过度的性能开销。通常用来改进开销问题的策略是一种被称为半虚拟化的技术，它向虚拟机提供了一个不同于底层硬件的软件接口，为了降低客户操作系统的处理开销，会修改这个软件接口，而这会更难以管理。这个方法的主要缺点是需要让客户操作系统来适应半虚拟化 API，降低了解决方案的可移植性，无法使用标准客户操作系统。

特殊硬件兼容性——许多硬件厂商发布的专门硬件，可能没有与虚拟化硬件兼容的设备驱动程序版本。反之，软件自身也可能与近期发布的硬件版本不兼容。解决这种兼容性问题的方法就是，使用现有的商品化硬件平台和成熟的虚拟化软件产品。

可移植性——对于不同的虚拟化解决方案都要运行的一个虚拟化程序而言，由于存在不兼容性，为该程序建立管理环境所需的编程和管理接口会带来可移植性问题。

二、数据中心

现代数据中心是指一种特殊的 IT 基础设施，用于集中放置 IT 资源，包括服务器、数据库、网络与通信设备以及软件系统。

（一）数据中心虚拟化

数据中心包含了物理和虚拟的 IT 资源。物理 IT 资源层是指放置计算/网络系统和设备，以及硬件系统及其操作系统的基础设施。虚拟层对资源进行抽象和控制，通常由虚拟化平台上的运行和管理工具构成。虚拟化平台将物理计算和网络 IT 资源抽象为虚拟化部件，这样更易于进行资源分配、操作、释放、监视和控制。

（二）标准化与模块化

数据中心以标准化商用硬件为基础，用模块化架构进行设计，整合了多个相同的基础设施模块和设备，具备可扩展性、可增长性和快速更换硬件的特点。模块化和标准化是减少投资和运营成本的关键条件，因为它们能实现采购、收购、部署、运营和维护的规模经济。

常见的虚拟化策略和不断改进的物理设备的容量和性能都促进了 IT 资源的整合，因为只需要更少的物理组件就可以支持复杂的配置。整合的 IT 资源可服务于不同的系统，也可以被不同的云用户共享。

（三）自动化

数据中心具备特殊的平台，能将供给、配置、打补丁和监控等任务进行自动化，而不需要监管。数据中心管理平台和工具的改进利用了自主计算技术来实现自配置和自恢复。

（四）远程操作与管理

在数据中心，IT 资源的大多数操作和管理任务都是由网络远程控制台和管理系统来指挥的。技术人员无须进入放置服务器的专用房间，除非是执行特殊任务，比如设备处理、布线或者硬件级的安装与维护。

（五）高可用性

对于数据中心的用户来说，数据中心任何形式的停机都会对其任务的连续性造成重大影响。因此，为了维持高可用性，数据中心采用了冗余度越来越高的设计。为了应对系统故障，数据中心通常具有冗余的不间断电源、综合布线、环境控制子系统；为了负载均衡，则有冗余的通信链路和集群硬件。

（六）安全感知的设计、操作和管理

由于数据中心采用集中式结构来存储和处理业务数据，因此它对安全的要求是彻底和全面的，比如物理和逻辑的访问控制以及数据恢复策略。

几十年来，建设和运营企业内部数据中心有时是令人望而却步的，因此，基于数据中心的 IT 资源外包就成了行业惯例。然而，外包模式需要长期的用户承诺，并且常常缺乏灵活性，而这些都是典型的云通过自身特性（如随处访问、按需配置、快速弹性和按使用付费等）可以解决的问题。

（七）配套设施

数据中心的配套设施放置在专门设计的位置，配备了专门的计算设备、存储设备和网络设备。这些设施分为几个功能布局区域以及各种电源、布线和环境控制站等，用于控制供暖、通风、空调、消防和其他相关子系统。

一个给定数据中心的位置和布局通常被划分为隔离的空间。

（八）计算硬件

数据中心内许多工作量较重的处理是由标准化商用服务器来执行的，这些模块化服务器具备强大的计算能力和存储容量，包括了一些计算硬件技术，例如：

1. 机架式服务器设计由含有电源、网络和内部冷却线路的标准机架构成。

2. 支持不同的硬件处理架构，例如 X86-32 位、X86-64 位和 RISC。

3. 在大小如标准机架一个单元的空间上，可以容纳一个具有几百个处理器内核的高效能多核 CPU。

4. 冗余且可热插拔的组件，如硬盘、电源、网络接口和存储控制器卡。

⑤计算架构（如刀片服务器技术）使用了嵌入式机架物理互联（刀片机箱）、光纤（交换机）、共享电源和散热风扇。在优化物理空间和能源的同时，这种互联增强了组件间网络连接和管理。这些系统通常支持单个服务器的热交换、扩展、替换和维护，这有利于部署构建在计算机集群上的容错系统。

现在的计算硬件平台通常支持工业标准的、专有的运维和管理软件系统，可以通过远程管理控制台对硬件 IT 资源进行配置、监视和控制。利用合适的、成熟的管理控制台，单个操作员就可以监控成百上千个物理服务器、虚拟服务器和其他 IT 资源。

（九）存储硬件

数据中心有专门的存储系统保存庞大的数字信息，以满足巨大的存储容量需求。这些存储系统包含了以阵列形式组织的大量硬盘。

存储系统通常涉及以下技术：

1. 硬盘阵列：这些阵列本身就进行了划分，并在多个物理硬盘间进行数据复制，利用备用磁盘提升性能和冗余度。这项技术一般利用独立磁盘冗余阵列（RAID）方案，通常使用硬件磁盘阵列控制器来实现。

2. I/O 高速缓存：通常由硬盘阵列控制器完成，通过数据缓存来降低磁盘访问时间，提高性能。

3. 热插拔硬盘：无须关闭电源，即可安全地从磁盘阵列移除硬盘。

4. 存储虚拟化：通过虚拟化硬盘和存储共享来实现。

5. 快速数据复制机制：包括快照和卷克隆。快照是指将虚拟机内存保存到一个管理程序可读的文件中，以备将来重新装载。卷克隆是指复制虚拟或物理硬盘的卷和分区。

存储系统包含三级冗余，如自动磁带库通常依赖移动介质用于备份和恢复系统。这种差型系统可能是通过网络连接的IT资源，也可能是直接附加存储（DAS），在DAS中存储系统通过主机总线适配器（HBA）直接连接到计算IT资源。在前一种情况中，存储系统是通过网络连接到一个或多个IT资源的。

（十）网络硬件

数据中心需要大量网络硬件来实现多层次互联。简单地说，数据中心的网络基础设施可分为五个网络子系统，下面简要介绍这些子系统以及实现它们所需的最常见的元素。

1. 运营商和外网互联

这是与网络互联基础设施相关的子系统。这种互联通常由主干路由器和外围网络安全设备组成。其中，主干路由器提供外部WAN连接与数据中心LAN之间的路由，外围网络安全设备包括防火墙和VPN网关。

2. Web层负载均衡和加速

这个子系统包括Web加速设备，如XML预处理器、加密/解密设备以及进行内容感知路由的第7层交换设备。

3. LAN光网络

内部LAN是光网络，为数据中心所有联网的IT资源提供高性能的冗余连接。LAN结构包含多个网络交换机，其速度高达10Gb/s，这有利于网络通信。同时，这些先进的网络交换机还可以实现多个虚拟化功能，比如将LAN分隔为多个VLAN、链路聚合、网络间的控制路由、负载均衡，以及故障转移。

4. SAN光网络

SAN光网络与提供服务器和存储系统互联的存储区域网络（SAN）相关，它通常由光纤通道（FC）、以太网光纤通道（FCoE）和网络交换机来实现。

5. NAS网关

这个子系统为基于NAS的存储设备提供连接点，提供实现协议转换的硬件，以便实现SAN和NAS设备之间的数据传输。

使用冗余和/或容错配置可以满足数据中心网络技术对可扩展性和高可用性的操作需求。上述五个网络子系统改善了数据中心的冗余性和可靠性，以确保即使是在面对多故障时也有足够的IT资源来保持一定的服务水平。

超高速网络光链路利用复用技术（如密集波分复用）将一个Gb/s的通道整合为多条独立的光纤通道。光链路分布在多个地点，连接服务器，存储系统和复制的数据中心，提高了传输速度和灵活性。

参考文献

[1] 李俊，周凡. 大学计算机信息技术 [M]. 镇江：江苏大学出版社，2018.

[2] 李贵臻，来帅，李羽翠. 计算机信息技术与生物医学工程 [M]. 天津：天津科学技术出版社，2018.

[3] 姚俊萍，黄美益，艾克拜尔江·买买提. 计算机信息安全与网络技术应用 [M]. 长春：吉林美术出版社，2018.

[4] 徐伟. 计算机信息安全与网络技术应用 [M]. 北京：中国三峡出版社，2018.

[5] 娄岩，徐东雨. 大数据应用基础 [M]. 北京：中国铁道出版社，2018.

[6] 姚树春，周连生，张强. 大数据技术与应用 [M]. 成都：西南交通大学出版社，2018.

[7] 董明，罗少甫. 大数据基础与应用 [M]. 北京：北京邮电大学出版社，2018.

[8] 李剑波，李小华. 大数据挖掘技术与应用 [M]. 延吉：延边大学出版社，2018.

[9] 胡沛，韩璞. 大数据技术及应用探究 [M]. 成都：电子科技大学出版社，2018.

[10] 李晓华，张旭晖，任昌鸿. 计算机信息技术应用实践 [M]. 延吉：延边大学出版社，2019.

[11] 李平，魏焕新. 计算机信息技术项目化教程 [M]. 北京：北京理工大学出版社，2019.

[12] 初雪. 计算机信息安全技术与工程实施 [M]. 中国原子能出版社，2019.

[13] 黄利红，周海珍，杨爱武. 基于新信息技术的计算机英语 [M]. 西安：西安电子科技大学出版社，2019.

[14] 郭丽蓉，丁凌燕，魏利梅. 计算机信息安全与网络技术应用 [M]. 汕头：汕头大学出版社，2019.

[15] 闫丹，田延娟，秦勤. 计算机网络技术与电子信息工程 [M]. 昆明：云南科技出版社，2019.

[16] 韩义波. 云计算和大数据的应用 [M]. 成都：四川大学出版社，2019.

[17] 李玉萍. 云计算与大数据应用研究 [M]. 成都：电子科技大学出版社，2019.

[18] 舍乐莫，刘英，高锁军. 云计算与大数据应用研究 [M]. 北京：北京工业大学出版社，2019.

[19] 邵云蛟. 计算机信息与网络安全技术 [M]. 南京：河海大学出版社，2020.

[20] 郑江宇，许晋雄. 大数据应用 [M]. 杭州：浙江人民出版社，2020.

[21] 黄源，董明，刘江苏. 大数据技术与应用 [M]. 北京：机械工业出版社，2020.

[22] 侯勇，刘世军，张自军. 大数据技术与应用 [M]. 成都：西南交通大学出版社，2020.

[23] 韦德泉，许桂秋. Spark 大数据技术与应用 [M]. 杭州：浙江科学技术出版社，2020.

[24] 张鹏涛，周瑜，李珊珊. 大数据技术应用研究 [M]. 成都：电子科技大学出版社，2020.

[25] 樊为民，陆道明，居玮，等. 大学计算机信息技术教程 [M]. 北京：中国铁道出版社，2021.

[26] 余萍. 互联网+时代计算机应用技术与信息化创新研究 [M]. 天津：天津科学技术出版社，2021.

[27] 朱晓晶. 大数据应用研究 [M]. 成都：四川大学出版社，2021.

[28] 黄寿孟，尤新华，黄家琴. 大数据应用基础 [M]. 西安：西北工业大学出版社，2021.

[29] 施苑英，蒋军敏，石薇，等. 大数据技术及应用 [M]. 北京：机械工业出版社，2021.

[30] 龚卫. 大数据挖掘技术与应用研究 [M]. 长春：吉林文史出版社，2021.

[31] 杨丹. 大数据开发技术与行业应用研究 [M]. 沈阳：辽宁大学出版社，2021.